健女人來了

劉雨柔—著

她，準備好了！

在我小時候的台灣，是「家庭即工廠」，而現在這個時代，我聽到的是「處處可健身」。

原來現在的年輕人並不是每個人都渾渾噩噩過日子啊！還是有很多有想法的年輕人，孜孜矻矻地在要求自己，感人啊！說實在的，這年頭衣食無虞，營養特別的好，很多年輕人（尤其是女生）仗著自己的青春無敵、天生好條件，絕少數人會想方設法提升自己的狀態，無論是內在或外在，在我看來也就是有點揮霍青春或是虛擲光陰。

但是，看到雨柔現在的樣子，讓我深受感動！剛認識她時，就發現她的外在條件非常出色，加上她給人的感覺是亮麗而搶眼的，撇除當時手臂的掰掰袖之外，其實沒什麼缺點的……雖然她一直嫌棄自己的鼻子，但其實那是她財庫來源吶！她慢慢地也接受了這個事實，現在不會再想那些醫美整形的問題。結果她不整形，她整理自己！

在面對節目、表演、工作時，她把自己的身心「整理」得非常好，愈來愈有一個藝人應該有的特質，讓自己的表演更有魅力、讓自己在螢光幕上更具亮點，我覺得這就是她很努力的地方。讓自己更符合時代的要求、更為未來在演藝工作將要大紅大紫之前，做好萬全的準備！

我覺得劉雨柔，真的準備好了！

從幾年前看她的作品、為男性雜誌拍攝的精彩照片，再再看出來這個人不斷要求自己，不斷追求更理想的體態、更紮實的狀態，無疑的，對劉雨柔來說，在演藝工作上應該已經擁有一個完全無後顧之憂、不虞匱乏的內外在條件。因此，她把她的所有心得，在這個混亂的時代，給了大家一個最好的選擇。

　　現在出工具書的人很多，出健身書的人更多，把自己練得不錯的男男女女大有人在，但是像這樣已經具備名模條件、優質藝人特色的劉雨柔，一個努力讓自己再更完美的心情、並樂意將過程彙集成冊，讓所有有心想雕塑自己、對未來有所準備的人，可能都會因為這本書而有了藍圖、有了想法。非常、非常感謝劉大哥，她對人類算是有所貢獻了！

　　我相信這本書應該可以讓大家從中找到更多蛛絲馬跡，能讓自己成為更完美的人類，也希望大家能從這本書中找到無限多的共鳴和快樂！祝福這本書受到大家的喜愛！

雨柔終於出書了！

有別於坊間的健身書，經常是為了出書而出書，但是她卻是在書裡講了很多親身體驗的故事，在平凡中達到潛移默化的效果，在生活中實現曼妙身材的理想！如果你也害怕歲月的摧殘、你也害怕被老擊敗的話，買一本《健女人來了》，這真的是一本很棒的工具書！而且跨越了時間的藩籬，買下來你女兒也用的到！而我喜歡的原因卻是「書中自有顏如玉」，雨柔親自示範，比寫真集還精彩！

劉雨柔小姐出健身書了！

其實她原本身材就很好了，為了追求更健康、更有線條的身型，花了許多的時間與精神去追求完美。

運動是現代人非常欠缺的習慣，希望《健女人來了》能夠幫助大家，追求更健康、更快樂的人生。

P.S 連我都受影響開始健身了，不要再說明天開始，現在就去做吧！

一開始看到雨柔的健身照，我心想：肯定又是個三分鐘熱度的學員。但慢慢地，我發現她好像是玩真的！是認真要往健身這條路走。 我當時的心態就像是個觀眾，抱持著「有好戲看了」的期待。沒想到這一年來，她的轉變讓人驚艷，她的毅力讓人佩服。

健身真的是一條不歸路，但看到她的成績， 我相信一定替很多懶女人打了一劑強心針──只要你肯做，保證讓你瘦。現在我只能站著為你鼓掌大聲喊說：劉雨柔，妳做到了，妳真的棒！

羅志祥

記得三年前一股熱血衝動，想要在做節目之餘，開始努力做經紀 ，就常同事幫忙物色及尋找人選時，我決定問問當時剛冒出頭、很受節目歡迎的劉雨柔，但說真的我也沒把握，畢竟應該很少人想跟經紀菜鳥合作，尤其是在她自己接也可以做得很好的情況下。結果她不加思索地答應了！（不加思索是我個人見解）。

三年過去了，我看到了雨柔上節目的真誠，看到了她對每件事的努力與認真，也許大家透過螢光幕對她的印象是個大刺刺的大姊，說話不修邊幅，會說話、會唱歌、會跳舞，如果我也跟大家一樣沒看過她私下是如何猛操筆記或是努力反覆練習的話，一定會覺得這些才藝與能力都是理所當然的！但也無妨，最近這一年來相信大家對她的另一個印象就是──她開始努力健身，我想這除了能印證我前面說的話之外，也印證了她對於每件事情努力認真的態度（我想交到男友是另外一個好處）。

我想她是最有資格出健身書的人，畢竟她都健到有男友了（而且常在跟我開會的時候數落我肥胖的身材）。而當我打給時報出版周湘琦總編輯詢問出書可能

性的時候，她也一樣一口答應，除了謝謝總編輯慧眼識英雄之外，我只能說，雨柔～妳真的好健！有妳的！

依舊非常肥胖的老闆 B2

坊間瘦身書、健身書種類繁多，真能達成功效則寥寥無幾。雨柔以自身實證經驗，寓瘦身於健身，堪稱近年來最具爆發力與實用性的經典之作。在紙片人已成病態代名詞的今天，是時候該追隨雨柔的腳步，透過正確的健身方式，告別鬆垮油膩，讓川字肌、馬甲線與蜜大腿陪著你展開自信健康的人生！

沈玉琳

記得當初看到雨柔的時候，她還是一個皮膚黝黑、為了做好模特兒的工作拼命減肥、臉上有些象徵青春的痘痘女孩，但這一、兩年再看到她，工作環境的轉換讓她觸角伸得更廣，笑口常開，氣色體態都變得更優美了，除了感情的滋潤之外，應該就是運動及健身給了她身心靈的成長，這次聽聞她要推出美體健身書，把自己變好變美的方法與大家分享，心裡替他高興萬分，除了讓大家看到她的蛻變之外，也期望她的作品《健女人來了》能得到您的喜愛與青睞！

梁赫群

什麼？我要寫雨柔健身書的推薦？當下只有兩個情緒：一是提醒我要開始健身雕塑自己已經變形的身材；二是我該不會要看她與教練男友疊來疊去的愛情童話故事書吧？但是當我翻了前面幾頁之後，我開始認真去了解這個女漢子到底

為什麼能夠一直擁有火辣身材的祕訣，這也是綜藝小天王應該要好好去學習的地方。

雨柔有著強大的耐心以及毅力，記得有次在健身房偶遇，前一秒都還是嘻嘻哈哈地閒聊，下一秒她已經在抓重量，開始了自我訓練，而這個「開始」，直到現在都一直持續進行中，真是太令我讚嘆了！低頭看看自己已經快看不見的⋯⋯雙腳，還是乖乖地繼續翻閱雨柔的《健女人來了》，讓我可以感染到他的堅定，也了解她的態度造就了她現在的完美身材。

KID 林柏昇

在雨柔身上我獲得到一句話的印證，那就是——沒有醜女人、只有懶女人！她臉蛋美、身材高挑修長，天生條件已經這麼好了，居然沒有因為這樣就怠惰，反而天天去健身房練線條，完全不讓自己的身材有一絲絲「走鐘」！女人一旦身材有曲線，整個人就會相當有自信！想讓自己更有自信嗎？跟著雨柔做就對了！

六月

勇於改變，自我挑戰！

柔一直以來都清楚知道自己要的跟追求的目標與夢想，立定方向後就全力以赴，只為達成目標！看著她從模特兒轉型成為藝人，是一個完全陌生的工作性質，她選擇沒有回頭路的開始，唯一出路就是成功，一路的改變與自我努力大家都有目共睹，她的轉變與學習值得與大家分享。

花花

今年是健康之年，透過鍛鍊身體會有福報，鍛鍊的越精準福報越大。女孩子容易重視外表大過於健康，因此兩敗俱傷。要健康又要美就得跟著成功的例子邁進，腰細、屁股翹、飲食健全是今天的劉雨柔。她的經歷是你的捷徑，中文有一句話「名師出高徒」，趕快抓緊機會跟著她戰勝今年，不要錯過你最大的福報。

班傑

「嬌嬌女、有點高壯、不愛曬太陽、跟運動畫不上等號」是我幾年前從節目中對雨柔的第一印象，之後同公司後才發現其實雨柔個性爽朗，而且也太好相處了吧！

這半年來看她常在臉書放一系列性感美照，秀出傲人身材，原來這一切是「愛運動、愛健身」改變了她，重點是可以持之以恆，讓運動變成生活一部份，人也變得愈來愈有自信、愈來愈美，還遇到了更愛運動的人生另一半，哈哈，我已經在期待妳的下一本書《雙人瑜珈》啦！

如果你還沒開始愛上運動，或是你已經在運動這條路上，快看《健女人來了》，跟著雨柔一起堅持愛運動吧！

陳漢典

認識雨柔很多年了，近年因為忙戲劇比較少上綜藝節目，所以很久沒見到他，前一陣子在路邊巧遇時差點傻眼，「怎麼變這麼壯？根本是健身教練的身材了！」（我不好意思說是女版潘若迪啦 XD）人家是鋼鐵化成柔，我不懂他為何要逆向操作，我只能說這本《健女人來了》可信度真的很高……

黃鐙輝

要做個有自信的女人！

我常說：勤勞的女人，看手就知道；聰明的女人，看眼睛就知道；有錢的女人，看脖子就知道；熱情的女人，看嘴唇就知道。那要做個有自信又完美的女人呢？當然，看這書中的雨柔，以及買了這本書的你就會知道！

健康如果有祕訣，那就是善待自己。帥氣如果要展現，那就要更愛自己。健康不是說說就算，美麗不是講講就有。健人就是要腳勤！跟著他吧！潘老師強力推薦！

潘若迪老師

雨柔這女孩有什麼優點呢？身材好、長得漂亮、個性爽朗，我想這些不用我多說大家都知道，但我要說的是，在她的爽朗個性背後，她是一個細膩貼心的女孩兒；在她洋派舉動的另一面是華人傳統女人的溫柔；在她美麗性感的外表下，這女孩，有比男人還要爺們的脾氣！所以，劉雨柔要出書，絕對不是花拳繡腿，絕對不是擺擺樣子。如果你們有看到她在健身房裡流的汗水，如果你們有看到她咬著牙也不願放棄，如果你們有看到連健身房裡的男人對她敬佩的眼神，那麼，你們一定能理解我的感覺。買她的書絕對不會後悔，因為雨柔不是嬌柔做作的那種女孩，她不藏私，直接表現在她的一切上，她是新時代女孩的典範，她絕不讓人瞧不起，所以她要出的書，一定是對得起自己的書！劉雨柔，為所有的女孩兒加油！

時尚大師 kevin 老師

挑戰自己、超越自己、羨慕自己！

　　如果你要問我，什麼樣的女生叫做漂亮，或者是要拿誰跟誰做比較，那一定永遠無法從我這裡得到答案。因為我發現我喜歡的女生很少，但是她們都有一個共通的特色，那就是「毅力」跟「努力」，否則對我而言都不會特別的有魅力或是值得被注意。一個有目標的女生，她會用盡一切方法去達到目標，甚至是追求她的夢想，然而最迷人的就是中間那段過程，那麼驚人的毅力是怎麼辦到的。也因為這樣，我喜歡運動，所以我不是拚了命的運動，而是享受我的運動，持續的運動。我的目標不是成為哪個健美選手，而是我要挑戰自我，看看自己的極限在哪兒，也看看自己可以完成多少的不可能。

　　從小到大，我聽過無數次「妳是女生所以不可能⋯⋯」但這句話從來不會是我的絆腳石，反而只會激起我的戰鬥力，除非我嘗試過了，否則永遠沒有不能做到的事情。就是這樣的堅持、這樣的毅力，讓我開始覺得身為一個有自信的女人好美麗。

天底下哪有不勞而獲的事情？付出多少才能得到多少，其實健身或減重都不是困難的事情，最困難的是開始的那一步。要身體健康、要線條美麗，那就來運動吧！動得越多，身體給你的回饋也越多。為自己設定一個目標，你不需要像我一樣練成渾身肌肉，但也不要只想求速成，不願運動卻開口就問：「有什麼運動是不累但是又很有效的嗎？」你可能不知道在不回應的背後，我附贈了多少個白眼給你。讓運動慢慢變成你生活中的一個習慣，然後把自己的身體變化與成長記錄下來，這絕對會是讓你堅持下去的動力之一。

　　如果你跟你身邊的朋友還在為了體重計上的數字計較，那你可就落伍了，這個年代大家都已經開始為「體脂」而戰了，體脂率才是身體健康與健身成效的最佳標準。想減體脂你可以多做有氧運動（做完很喘的那種），想練肌肉線條，那我們就靠重量訓練來雕塑（做完很痠的那種），兩相搭配，鍛鍊出最完美的體態。帶著正確的基本運動觀念，做好準備，我們就要開始有趣的運動之旅囉！

劉雨柔

PART 1　雨柔牌麵包超人

PART 2　重訓女神大變身

PART3 成為健女人前的準備

PART4 在家動起來！

PART5 吃對了，瘦更快！

PART 1

雨柔牌麵包超人

在試衣間裡試圖變身的我，不是變成女神卡卡，而是女「身」卡卡！ 本來應該合身的褲頭從大腿一直卡到豐滿的屁股，折騰了老半天，好不容易才終於拉上來，但扣子卻扣不上！不管我怎麼憋氣扣子就是扣不起來，拉鍊也近乎炸裂……我急得滿頭大汗，掙扎了半個小時多，最後還是宣告放棄，無奈地拎著褲子走出試衣間，向大家坦誠我真的塞不下……

女漢子來著！

我是家裡最小的孩子，因為與哥哥姊姊的年紀有一段落差，經常被排擠在一旁、獨自玩耍，也造就了我不知天高地厚的好強個性，總是幻想自己是金剛不壞之身，什麼事都能達成，看到別人在玩我沒見過的新玩意，我更是興致高昂、躍躍欲試。好在從小到大佛祖保佑，一路平安，沒出過什麼大意外。而這個性在被選入巧固球、田徑校隊之後，更是發揮到極致，變成了「要做就要做到最好，不然就不要做」的較真個性，也幫助我拿下不少第一名和破紀錄的輝煌戰果。

回想起小時候的我，當其他家長都在為孩子挑食、偏食煩惱時，我的爸媽卻一點也不需要費心，因為從小我就是個好養的小孩，不挑食、胃口佳、吸收好，加上運動細胞發達，除了獲選入校隊，更時常代替班上參加各種大大小小的體育競賽，看起來就是個頭好壯壯、身手矯健的女力士。這樣的情形持續到國高中青春期時達到最高峰，我的體重突破了70大關！這數字聽起來真的非常嚇人，但或許因為我的身

高 175 公分的緣故，拉長了線條，外型看起來還是在標準體態之內，真不知是福還是禍……就這樣靠著老天爺賞賜的得天獨厚體質與身型，從小到大我從來沒有刻意減肥瘦身。

麵包超人現身

自我感覺良好的日子一直到當上模特兒，我才赫然發現原來自己和其他注重身材的女孩子不一樣！原來我在別人眼裡一直都是圓圓肉肉的女生，甚至還有人私下叫我「麵包超人」！本來不知道還好，知道後頓時感到自信心崩潰，原來我距離所謂的「標準模特兒身材」這麼遠，原來我一直以來都是自己騙自己……難過之餘也逃避地想著，從來沒人嫌過我胖，憑什麼這些人可以這麼不留情面地攻擊我、取笑我，我是應該要置之不理，還是努力把自己變得更好來堵住他們

小時候的我不挑食、胃口佳、吸收好，是個非常好養的小肉肉。

的嘴巴呢？

　　印象中最慘的一次是當模特兒時的試裝，那時連同我約有二十多位模特兒，廠商提供的衣服包含各種大小尺寸，我拿到了幾件一般女生 26、28 吋的褲子，當下我就覺得大事不妙……果然，在試衣間裡試圖變身的我，不是變成女神卡卡，而是女「身」卡卡！本來應該合身的褲頭從大腿一直卡到豐滿的屁股，折騰了老半天，好不容易才終於拉上來，但扣子卻扣不上！不管我怎麼憋氣扣子就是扣不起來，拉鍊也近乎炸裂……我急得滿頭大汗，掙扎了半個小時多，最後還是宣告放棄，無奈地拎著褲子走出試衣間，向大家坦誠我真的塞不下……

　　當下我除了尷尬，根本無地自容，只能向大家說抱歉，一股難堪的情緒湧上心頭，回家後還大哭了一場。哭過以後，

看看這臃腫的臉蛋與鬆垮的身材，
怪不得別人要叫我麵包超人了……

我決定認清「麵包超人」的慘痛事實，心中燃起一陣熱烈的瘦身鬥志，決心來個一百八十度大變身，為自己出一口氣！但這股熾熱的心卻又因為工作忙碌、朋友安慰而漸漸澆息，最後便不了了之。

零質感藝人

「卡卡門」發生後不久，我便出道當起藝人，接了不少綜藝節目的通告，節目上不外乎玩遊戲、練體能、出外景，比起別人的從容自在，我卻總是氣喘吁吁，體力差人一截，此外更顯而易見的就是那藏不住的滿身橫肉，每當錄完影要跟大家揮手說再見時，掰掰神就一起跑出來晃呀晃的，同台的藝人們都看在眼裡，但也許是怕我難過，於是沒人提醒我這個事實。一直到一位曾姓主持天王終於忍不住好心提醒我：「雨柔，妳真的應該減肥了！聽說網友都在節目的網頁上開玩笑說妳伙食太好耶～而且一個漂漂亮亮的女生怎麼會允許自己這麼鬆垮啊？」

天啊！在強裝鎮定尷尬傻笑回應的外表之下，我多想學鴕鳥找個洞鑽進去，我的自尊心再度被重擊，怎麼說我也是個常把完美觀念帶給觀眾的人，這種小細節我怎麼可以沒有自己先發現？從那一刻起，個性獨立且好強的我，展開了極端減肥之路！

回想起來，那段金玉良言真的是我事業上很重要的一個轉捩點。也要特別謝謝這位主持天王，他可說得上是我演藝路上的貴人，提點我許多，包括剛開始他見到我滿手花俏又

凌亂的指甲彩繪，直說我是個「零質感」的人，這評語扎扎實實刺了我一下，也讓我開始去思考如何做個「有質感」的藝人，真的很謝謝主持天王——城城哥！

極端減肥之路

城哥一語點醒夢中人後，我便開始偷偷地嘗試許多傳聞有效、甚至速效的激烈瘦身法。我曾做過推拿拍打，被打到全身青一塊紫一塊，走在路上好像家暴婦女一樣，以為會幫助新陳代謝，但其實根本沒有效果；也曾經購買傳說中消脂神器的辣椒膏往身上猛擦，再用保鮮膜包裹一個小時，想說這樣可以幫助排汗瘦身，燃燒脂肪，結果最後竟然變成皮膚炎，又紅又癢還得花錢看醫生，脂肪卻一丁點也沒減少，真是自討苦吃。

城城哥的話讓我認真思考對待自己與這份職業的態度，促使我開始改變。

我是個急性子，眼看這些方法都沒用，心焦之下，最後乾脆使出大絕招——吃瀉藥。吃了連續半年到一年，除了三餐只吃少許紅蘿蔔之外，每餐固定搭配一顆瀉藥，前面幾天一瀉千里，之後天天脫水，拉到身體裡已經沒有食物可以再拉，吃到慣性脫水，身體極度不舒服。雖然短時間內瘦的很快，但也因此元氣大傷，不僅腸胃受傷，氣色也變得很差，我這才發覺我走錯路了！當初減肥的原意是讓身體恢復健康，卻反而變得不健康，老是聽那些旁門左道愈走愈偏，而這也成為我回顧瘦身歷程最不想提的過去，只怕大家會學到錯誤的方法。

主動出擊！

時間來到 2013 年的夏天，我發現過往嘗試過的減肥法除了讓我忽胖忽瘦，總是無法以最佳狀態上鏡，工作不順利之外，也開始覺得身體變得更不健康，這樣下去，不改變真的不行。在朋友的建議下，我開始嘗試尋求專業健身房的協助，同時在心裡默默期待著健身能帶給我的是——「想瘦哪裡就瘦哪裡」的局度雕塑效果。

我正式展開了健身房的正規減重法。但剛開始加入的時候，其實並沒有明確的健身目標，因此常會以工作忙碌、太過疲勞等等因素，幫自己找藉口，一個月可能只去個兩、三次，這種頻率根本是求心安而已。隨著時間一天天過去，我忽然意識到即使不上健身房，入會費還是持續扣除，勤儉美

德一秒發作，頓時覺得自己虧大了！我揣想著自己已經浪費了一個月的費用，接下來得認認真真的每天報到，才不會浪費小資女一點一滴得來不易的積蓄。

　　接下來的第二個月，雖然我實行了每天到健身房報到的小資策略，但也只是做做瑜珈、跳跳有氧，課餘之間便隨便挑一個器材來悶頭苦做，當時完全沒有健身概念的我，先別說磅數、次數和姿勢的不正確，連雙手抓位、訓練部位都是隨心所欲，根本沒有按照規矩來，很容易因為姿勢不正確而拉傷肌肉，造成運動傷害。此外，飲食也毫無節制，運動消耗的少少脂肪馬上就被飲食攝取的大大熱量給填滿，無論做多久都沒有效果。

　　後來想當然耳，這兩個月我根本沒有瘦！而且反而因為自認有運動，變相地大吃大喝，體重不減反增啊！我心想：「我是傻瓜嗎？這樣下去怎麼得了？」緊張之下趕緊詢問健身房的專業顧問，這才了解如果短時間內不能強制控制飲食，那麼還是要搭配重訓，增肌減脂，增加基礎代謝率，才比較能達到好的減重效果。果然是「術業有專攻」，這兩個月我雖然沒浪費健身房的月費，但卻浪費了體力在沒有成效的事情上，現在想想這不是繞遠路，那什麼是繞遠路？同學們可別跟我一樣啊！

提醒所有初入健身房的健人們，一定要記得──只有你去找健身房，沒有健身房來找你。

「沒有局部瘦身，只有局部塑身！」

交給專業的來

　　而在健身房裡出糗久了，還是會有好心人主動來拯救你的。剛好就在這時候，我遇到一位熱心的教練，他看我像無頭蒼蠅一樣，每次到健身房就這邊摸摸、那邊摸摸，根本沒練到什麼，也沒有明確的目標，相當可惜，便試著從專業的角度來教我練習，幫我免去了瞎子摸象的許多冤枉路程。除了感謝他的熱心，我也開始考慮一對一的教練課，但老實說我並沒有太大的信心，小資心態也在心中糾結著：「有教練真的會練得比較好嗎？多花這筆錢會有效果嗎？」於是我先買少量的課程試試水溫。上了幾次後，我發現身體會告訴你答案，一小時的教練課流汗的效果遠比我之前埋頭苦幹兩三小時還猛烈，而且事半功倍！

　　在接下來的五、六堂課，透過教練專業的解說，我開始了

解自己對於身體和健康等相關知識的嚴重不足，也才知道天底下沒有「局部瘦」這種好康！ 脂肪燃燒是全身性的代謝，但肌肉的訓練卻可以是局部性的，因此雖然無法透過「局部瘦身」達到理想的身材，卻可以透過「局部塑身」打造曼妙的曲線。

教練不僅點出我體態上未達模特兒的標準，連肌力、耐力、飲食習慣等都還有許多需要加強的地方，更教我充分運用身體每一個部位的肌肉、配合身體的律動調配呼吸，這與我以前接觸過的運動模式是完全截然不同的！剛開始我也會一身傲骨地認為：「我哪有教練說這麼差、這麼弱？」從小就是運動員的我，肌力、耐力竟然會差？但認真回想起來，教練說得一點也沒錯。雖然我從小就有運動習慣，但或許是因為

教練課程不只可以盯你的姿勢，也可以獲得許多正確的身體知識。

用力部位、呼吸方法不正確等原因，反而讓身體更加疲累；而體態部分我自知仍不夠好，但在模特兒界看過太多女生瘦的不健康，那種紙片人般的乾瘦並不是我想要的。於是我和教練共同討論出我的健身目標——我不只要瘦，更要瘦得有線條、有肌肉，更簡單的說法是——我要「健康紮實的瘦」！

健身上癮

從鄭多燕以來，以女子團體帶動全球 Kpop 熱潮的韓國也吹起一股健身風潮，擁有川字肌、馬甲線、蜜大腿才是王道！所以愛美的女生們，如果還停留在瘦得像紙片人一般寧可餓死也不動的舊觀念，那可就大大 Out-date 囉！

於是我從一開始每週固定上兩至三次教練課，變成自己天天去報到。第一天練大腿，第二天就練臀部、第三天手

臂，第四天背部，接著最難消的肚肚……漸漸的，就像是上了癮般，我開始愛上這種鍛鍊肌肉的痠痛感和挑戰自我的成就感，因為我知道——練習的過程愈痛苦，之後的成果愈美好！隨著時間過去，健身效果愈來愈明顯，除了體脂很快地減少、肌耐力增加，線條也漸漸出來。連身旁的人也發現我體型彷彿小了一號，而且看起來精神奕奕、神采飛揚，對生活的態度也更正向積極，運動帶來的身心變化，真的是我始料未及的！

此外，愛上運動之後，全身循環都跟著動起來，肌膚代謝穩定、臉色自然紅潤，素顏也不怕；身體不容易水腫、嗯嗯也暢快，更重要的是許多人說我整個人看起來像年輕五歲，五官顯得更立體，更實際的變化表現在工作機會上，各式各樣的廣告代言也都陸續找上門，而我再也不必擔心試裝

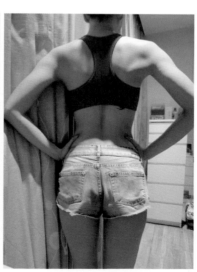

「練習的過程愈痛苦，之後的成果愈美好！」

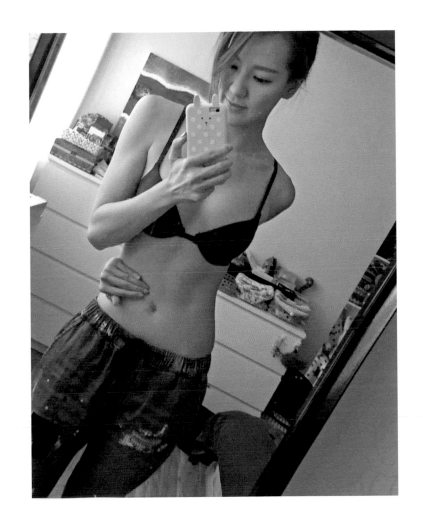

時會穿不下廠商提供的衣服了！我的肌肉、線條隨時 stand by，讓自己隨時保持在絕佳的狀態，是我對自己的承諾，也是對這份工作的尊重。一直以來我面對人生的態度，不一定算是勇敢，但總是很積極去爭取我所想要的，認真去面對我所欠缺的，然後改變它，讓自己更好！

PART 2
重訓女神大變身！

有次教練給了我和男生一樣的重量，其實一般女生根本無法承受，但我還是不想先認輸，在教練保護措施做足後，便放心大膽地嘗試。但一抓舉後，我馬上意識到「不行！」放下後我當場崩潰大哭，我心想：我已經這麼努力了為什麼做不到？我已經練這麼久了為什麼無法突破？這是我第一次體會到何謂「力不從心」的感受，當你真的很想做，但體力卻無法負荷、訓練無法突破的時候，真的會對自身的能力感到非常沮喪。

魔鬼訓練期

　　許多人在購買教練課程後，都會產生一種「安心感」，彷彿是把自己的肥肉交到了教練手上，有教練幫忙管理體重與強迫運動，瘦身便已經成功一半，甚至覺得「有上課、有得吃」，比平時更不忌口。其實這種被動的態度與消極的做法很容易在結束課程後就面臨復胖，甚至變得比運動前還要臃腫，這是一種很不負責任的健身態度。

　　開始上一對一教練課程後，我潛藏在心底的重訓魂竟默默被挑起了！每次上課除了教練教授的課程之外，我總會不斷地向教練要求更多、更強、更累、更操的挑戰，起初教練以為我想一步登天，總會柔性勸導我：「健身無法速成，凡事循序漸進。」但其實我只是想要盡我所能、發揮最大效益，而在經過幾次嘗試與溝通之後，教練也漸漸了解我的能耐與個性，反而開始會鼓勵我、甚至是逼迫我挑戰極限，彼此試著調整到最好的效果，而不會任由自己的惰性浪費時間和金錢。

我深信「世上沒有懶惰的人，只有沒有目標的人！」不只人生，健身也是如此！

到後期，教練看出我的意志力和好勝心遠超過一般女生，於是採取了高強度的訓練方式。我的訓練強度愈來愈重，甚至逼近男性。有次教練給了我和男生一樣的重量，其實一般女生根本無法承受，但我還是不想先認輸，在教練保護措施做足後，便放心大膽地嘗試。但一抓舉後，我馬上意識到「不行！」放下後我當場崩潰大哭，我心想：我已經這麼努力了為什麼做不到？我已經練這麼久了為什麼無法突破？這是我

「不想認輸！」就是堅持我撐下去的動力！
有時候也是一種自討苦吃⋯⋯

第一次體會到何謂「力不從心」的感受，當你真的很想做，但體力卻無法負荷、訓練無法突破的時候，真的會對自身的能力感到非常沮喪。

耐心是第一堂課

挫折、沮喪是健身路上不可避免的阻礙物，但別把他想成是句點，中斷你的健身之路，把他當成超商的集點活動吧！集滿十點挫折就可以晉級 20 公斤的啞鈴、集滿十點沮喪就可以增加十次抓舉，而當你只要集滿六次便達成時，那股感動也會如同痠痛一般透入筋骨，久久難以忘懷。每個階段我都會為自己訂下目標，從開始時的「每周三堂有氧運動」，中期時的「體脂率降 5%」，再到現存的「練出各部位的肌肉」，從簡單到困難，達成時間也愈拉愈長，但是身體會告

訴你答案，當乳酸堆積地愈多，線條只會愈來愈明顯，成就感只會愈積愈多！

回想當初踏入健身房到現在，雖然體重變化不大，都在五到六字頭之間，但是體脂率和肌肉量差很多，體態更是判若兩人。減重這件事說起來很簡單，但必須知道跟你纏鬥的對象可是你累積了三五年、甚至十年以上的脂肪，沒那麼容易擊退的！俗話說：「知己知彼，百戰百勝！」耐心是第一堂課，首先一定要將「有氧運動」做好做滿，讓體脂降下來，接著再搭配「重量訓練」，雕塑肌肉線條，二者交相作用缺一不可。而飲食更佔了減重成敗的百分之七十因素，絕對不可忽視！

重量訓練到現在，我也開始配合教練的指示喝一些肌酸，幫助訓練時的爆發力，以增加強度。有許多健身的朋友也會

「健身是孤獨的，痛苦的是你，最後享受的也是你！」

搭配高蛋白來幫助增肌，但最好先諮詢過專業營養師或教練，在專家指導下食用才能達到最佳的效果，否則容易對腎臟造成負擔，影響健康。

氣胸驚魂記

重量訓練畢竟是動態、連續的運動，不可避免地會有運動傷害的產生，雖然我老愛挑戰極限、總是做超過一般女生可以做的重量（女漢子不是當假的），但是我從不做沒把握的事，不需要為了一時的衝動而造成永久的後遺症。只有一次讓我嚇得心臟差點跳出來的驚魂記，是發生在和阮經天一起練習時。

那時我與小天一邊做重訓、一邊聊天，聊天中不乏有幾句玩笑話，我笑出聲的瞬間，手上的力量跟著掉，此時抓舉

透過有氧運動將體脂降下來後，再開始進行重訓雕塑。

在手上的單槓也掉了下來！還好教練在一旁及時幫忙抓住，不然幾乎要造成氣胸了，非常危險！從那次之後我就很注意運動安全，一定要專注，特別是在抓舉新重量的時候。這次經驗也讓我意識到專業教練的好處，若不是有教練的快速反應，恐怕我現在還在復健呢！有專業教練從旁指導，可以幫助你避免很多不必要的危險和傷害，更可以根據你的體能狀況，安排各種類型與強度。

　　有些朋友會問：「是不是應該要找同性的教練指導比較好？同性會比了解各自的身體構造及健身需求？」其實大部分的教練都非常專業，我個人認為在選擇上不必太拘泥性別，主要是教學上積極熱心、溝通時配合度高，對訓練過程來說較有幫助。但如果是訓練後想要請教練幫忙按摩、舒緩肌肉的女生，也可以指定女教練來指導。

健身的時候一定要專心，特別是抓啞鈴、單槓時，一不小心就會造成運動傷害。

「吃過健身的苦，更能享受生命的甜！」

大師姊的叮嚀

　　剛進健身房時，相信許多人都跟我一樣，覺得羞於開口，便自行摸索、埋頭苦幹，但這時除了肌肉持續用力之外，眼睛也別閒著，可以多多觀察周遭學長姐或教練的訓練技巧，等過了一段時間，環境熟悉了，膽量也練夠了，若有問題就請勇敢發問，相信愛運動的人都會很樂意分享運動的技巧和經驗，多多發揮柯南精神，不漏掉一絲一毫小細節，多問、多學、多做，學到就是你的，誰也搶不走！

　　我建議大家在做重量訓練時可以找一個夥伴一起練習，

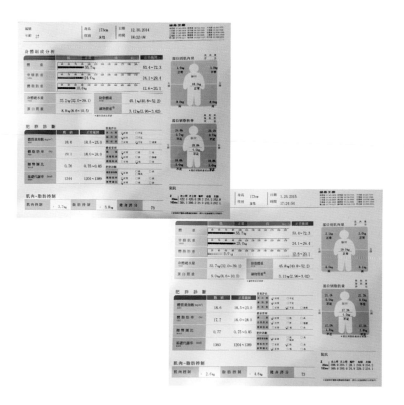

即使是不同程度也沒關系，一來是降低在陌生環境的怕生感，二來是可以增加健身的動力和樂趣，兩人互相鼓勵再撐一下，或是彼此嘲笑肉球人也沒關係，只要有人開始動了，自然也會帶動另一人，這比相約逛街、吃飯、看電影還要省錢又健康。

每個月我會固定做一次 IN-BODY 的專業全身體適能測量，測出自己的基礎代謝率，體重體脂和全身的肌肉比率，再依此做運動和飲食習慣的調整依據。但千萬別被數字左右了！一開始體重不會減少，甚至會比之前還重，這是正常的！這是正常的！這是正常的！（很重要所以要說三次）依據個人體脂肪的不同，一般來說，降 1％ 體脂，視覺上會有瘦 3 公斤的感覺喔！所以別陷入體重迷思，要看的是整體的報告。

立志成爲「瑪丹柔」

經過了近一年的鍛鍊，現在看到我的朋友都說我看起來更修長、五官也更立體，甚至網友還懷疑我去整形呢！從這些評語與留言中我知道──我擺脫肥肉了！我不再是麵包超人劉雨柔了！而在這些變化當中，最令我感到驚喜的是──我變得更樂觀、更開朗了，運動真的會讓人變得快樂！雖然每次訓練過程中總是累到想殺死教練，但下課後身細胞都活過來的感覺又會讓你忍不住拉著教練轉圈圈……這份美好值得你親身體驗，動起來吧！

我身邊有許多姊妹都憧憬著更瘦的身材，羨慕吃不胖的

只要想到熬過去就離目標娜姊近一點，我就充滿力量！

人，其實我想跟他們說：「不要羨慕別人，每個人都有每個人的煩惱，瘦子的身材通常都不好，而且最重要的是『不健康』。結實健康的身材才是最值得跟隨的美麗思維。」起初，我確實是為了瘦身而投入健身，沒想到愈練愈有心得，我已經停不下來、也不願停下來了，如果可以回到過去，對過去的自己說一句話，我會想跟當時的麵包超人說：「趕快開始運動，不要再浪費時間了！」

　　我的終極健身偶像是國際知名女星瑪丹娜，她結實健美的肌肉和身材，是許多歐美女生的健身樣板。我本來身形就

比一般亞洲女性高大，現在鍛鍊後的體態更是超過一般女生健身的標準，雖然亞洲地區還是比較偏好纖柔的女性形象，但我更嚮往歐美派結實而緊緻的身體曲線，希望能成功練出一身緊實的肌肉，向我的偶像看齊！

我就是喜歡這樣！

我時常在臉書上與網友分享健身的過程與成果，有些網友會留言說我把自己練得像金剛芭比一樣，勸我別練了！但往往會有更多網友跳出來幫我斥責對方的無禮與雞婆。其實我不生氣，因為我一點也不在意他的看法，倒是被那麼多懂我的網友感動到差點落淚。旁人的羨慕眼光或酸言酸語，抑或是瘦身後吸引異性、桃花大開等附加價值，從來不是我持續健身的原動力，純粹因為「我就是喜歡這樣！」沒有別的

理由。

　我一直是個喜歡學習新事物的好奇寶寶，但絕對不是一個三分鐘熱度的人，先前也曾經熱衷於手工藝，動手做卡片、手工書、紙雕花等等，但大概過了一年時間我就覺得「差不多了」，熱情漸漸消失。直到開始了健身生活，我發覺在我目前不算短的三十年人生中，讓我最有心想要貫徹執行、並一直持續進修的就是「健身」這件事，可以說得上是「真愛」吧！（笑）它不只讓我身材變好，得到更多工作機會，同時也讓我整個人更有朝氣和正面積極的心態去面對人生。

　網友常常問我訓練那麼辛苦，要如何激勵自己撐下去？我屬於好強人士，總是用相對法來告訴自己：「可以變弱變爛，但就是不能放棄！」而我自己知道，我根本不甘心讓自己變弱變爛，反而能激勵鬥志。曾經有一次出國旅遊十天，整整十天都沒有運動，回來竟然發現整個沒力，重量和次數都倒退，嚇得我再也不敢休息那麼久。現在即使是出差或出國度假，我也會隨身拿著美國海豹部隊訓練專用的 TRX 進行自主訓練，或利用隨處可得的道具鍛鍊，不讓自己有藉口荒廢之前苦心訓練的成果。

一起成為「健女人」！

　雖然我還未滿三十歲，但身處在這五光十色、競爭激烈的演藝圈，工作節奏的快狠準和龐大的收視壓力讓我不得不隨時反省、快速成長。在這當中我也發現成功人士與一般人士的區別，不是在於他們的外貌或才華比人強，而是在於他

「結實的肌肉和新鮮的皮膚，是最美麗的衣裳。」俄國詩人 馬雅可夫斯基這樣說。

們對於自己設定的目標有多堅持！

　　原本不曾有過明星夢的我，一直到當了模特兒後，才開啓了當藝人的契機，這一行除了可以賺比較多的錢以外，箇中辛苦不足與外人道，但這一年來，因為運動讓我變得更有動力、更有企圖心，雖然工作不定時，但我還是每天都會在睡前規劃隔天的行程，會想盡辦法在工作的空檔裡，挪出至少兩個小時，安排上健身房做高強度的健身訓練。在家裡則會物盡其用，利用桌椅、水瓶、TRX 訓練繩做各式各樣的居家訓練，我希望自己可以一步一步邁向成功人士，我最新的目標是──考上健身教練執照！跟更多的人分享我最喜歡的運動，也幫助更多人擺脫過重的身材，回復良好的體態和健康的生活。

　　如果你想要擺脫肥肉、擺脫臃腫、想要和我一樣瘦得有線條、瘦得健康、瘦得有態度，可以參考我的健身歷程，找個專業教練從旁指導，更可以加入我的健身團來一起練習，我會很開心地教你如何讓身體曲線變得更美。但如果你沒有太多時間或預算上健身房，就一定要利用第四章中我介紹的「居家重訓課程」達到跟健身房一樣的訓練效果！這些居家重訓課程都是我親自驗證過的有感健身法，就算是現在已算得上是重訓達人的我，還是會每天持續做，這就像是起床要刷牙洗臉一樣，已經成為我每日生活的基本步驟了！

　　讓我們一起不只練出馬甲線、蜜大腿，更堅持住每次鍛練到 high 的人生態度，堅持讓自己成為身心都更美好的漂亮女生！一起動起來吧！

PART 3
成為健女人前的準備

開始健身之前，請務必先建立正確的觀念與知識，才能在健身過程中找到適當的節奏，不會操之過急或搖擺不定，只要你準備好了，最好的運動時機就是現在，不必選什麼黃道吉日。

健身新手小叮嚀

健身新手上健身房有哪些規定及禮儀是特別需要遵守的呢？首先最要緊的就是──不要霸佔器材聊天不運動。既然來到了健身房，就應該要善用他所提供的場地與器材，達到首要的目標──健身。我經常看到很多女生上健身房卻不好好健身，光是拍照、聊天、social 就花了三分之二的時間，剩下的訓練時間又不夠踏實，倒有點「醉翁之意不在酒」的意思，讓姊告訴你，其實這樣不僅是浪費時間和金錢，也根本吸引不到「好桃花」喔！因為真正好的對象反而會被你鍛練時的認真態度所吸引，才會想要進一步認識你，絕不是你打扮亮眼俏麗、維持美姿美儀就可以成功的。這可是姊闖蕩健身房的觀察報告喔！

化妝方面，在皮膚狀況佳、有適合的產品時，可化淡妝，加強沒自信的地方如眉毛或黑眼圈，但不必化大濃妝。現在的化妝品很進步，不只不傷皮膚，甚至都強調含保養成分，可以讓氣色好的話，運動化妝其實無妨。

背心式上衣

布料少，減少覆蓋在肌膚上的感覺，可以明顯看出有沒有正確使用肌肉。

手套

抓舉單槓、啞鈴或 TRX 時可以幫助保護手掌，並減少肌膚摩擦。

彈力長褲

貼身包覆全腿肌肉，不像短褲容易走光，也不像寬襬的容易被器材勾住。

專門訓練鞋

針對室內訓練的專門運動鞋。

服裝方面，首重舒適度，再來就是機能考量。穿著舒適才能讓運動習慣持之以恆，專門的服飾則能免除許多額外的插曲，例如褲擺勾到器材、胸前走光、屁屁走光……等。女生剛開始健身時，通常是對身材最沒自信的時候，常常會穿著寬鬆的衣褲，像我一開始是穿著飛鼠褲上課的，結果一個深蹲，褲子就撐破了……當下只能硬著頭皮遮著屁股，彆扭地完成接下來的課程。所以要提醒大家──正確的服飾才能讓你專注完成你的訓練。

　　因此，無論是室內訓練鞋或多功能運動鞋，選擇基本款就對了，真正專業運動的東西都不好看。而且上健身房其實不必華麗，不用太講究花俏的款式。其實不建議穿壓力褲，一般有彈性、合身的運動褲就可以。一般女生剛開始會選擇長版上衣，但運動到後期，也可以嘗試短版的背心，一方面運動起來比較舒適，同時也可以清楚看到自己的肌肉線條變化，能夠提醒自己哪裡還訓練不足，或是更有成就感！

　　我還有一項小法寶，在我健身運動、洗完澡後，我會使用船井倍熱系列的「休足漫步霜」，它使用 100% 純天然草本精油，可消除乳酸堆積、加速血液循環，當我工作久站或運動後，使用船井倍熱休足漫步霜按摩，肌肉放鬆，雙腿也瞬間變輕盈了，而且可以幫助肌肉不糾結、美化腿部線條，比較不會有蘿蔔腿哦！

　　此外肌肉線條是我最在乎的，在睡前使用，我也會使用輔助產品加強曲線，像是船井倍熱系列的「超孅體乳 EX」，

雙管劑型、乳霜及凝膠二合一，它最厲害的是能促進脂肪細胞分解、抑制脂肪細胞囤積、刺激血液循環，針對橘皮外觀能有所改善，還能加強肌膚的彈力與保濕度，擦起來有淡雅的香水味，讓身體在睡眠時可以輕鬆雕塑，作為一整天運動美體的最後步驟，等睡一覺醒來，又朝向完美體態一步了！

健身迷思大解惑

★ 怎樣的人需要健身？

健身真的是因人而異，看你想把自己練成什麼樣子，可是以健康來說女生平均體脂要在 25 以下，才是標準的，超過 25 以上就要考慮先降體脂，才能去做重訓。如果你體脂肪很高，你需要的是先做有氧而不是重訓，因為如果體脂太高，肌肉都被體脂肪包住，是無法雕塑線條的。所以健身首要就是要先降體脂。為什麼有人看起來很瘦但肉會晃（俗稱的瘦胖子），那就代表他的體脂肪太高，如果他體脂沒有超過 25，就可以先做重訓的部分，整體慢慢瘦下來。

★ 女生一練重訓就會變成金剛芭比嗎？

重訓不一定要練的很壯，只要固定重量和次數，不要一直加重，就可以維持體態結實和一定的線條。而且很多人都不知道，女生要練壯其實非常困難，因為女性身體裡缺少了男性才有的睪銅素，因此可能練得非常密集認真，都還沒有什麼線條。相對的男性健身的成效就比女性明顯，所以通常健男人都比健女人多喔！哈！

★體重很重就是肥胖嗎？只有局部胖該怎麼瘦？

現代的健康觀念建議大家看體脂而不是體重，因為有的人會因為肌肉量、骨骼結構的緣故而影響體重數字，所以單單體重是不夠全面的數據，必須要了解身體不同部位的體脂和肌肉量才是。而體脂肪是全身分布的，沒有局部瘦的可能。一定要有足夠的有氧運動把脂肪代謝掉後，肌肉和線條才會出來。

★一旦開始健身，就要每天鍛鍊嗎？練越久、強度越大、汗流越多效果越好嗎？

任何運動都需要休息，因為肌肉是有生命也有記憶的，你每天破壞它，它也會有彈性疲乏的時候，需要設定停損點。不管鍛鍊週期多長都會有停滯期，一定要讓它充分休息之後再增加重量，透過破壞才能重生。而且運動過量、過重或過久，會有橫紋肌溶解的危險，這是要非常小心的！建議一週運動三天、每次兩小時就足夠了。如果真的想要密集雕塑身材、增加線條，常常去也可以，但時間就不能拉太長，免得身體負荷不了。

★ 運動完有痠痛才代表肌肉成長嗎？運動完第二天才開
　始覺得痠痛，這是正常的嗎？痠痛時有什麼方法可以
　緩解嗎？

　　原則上，只要運動完有做舒緩伸展的收身操應該不會痠
痛，會痠痛可能是乳酸堆積，或是強度太強、重量太重造成
的。但沒有痠痛感覺並不代表沒有運動效果，只是表示肌肉
還可以負荷。而通常運動完當下不會感覺到痠痛，都是要隔
天的傍晚才會發作，這是很正常的。特別痠痛的部位必須要
好好休息，多加按摩或做些舒緩伸展，暫時不要再做鍛鍊。
而牛奶、香蕉可以稍微緩解痠痛，但所有後置的處理都比不
過運動完後將伸展操做好做滿。

★ 一定要到健身房透過器材才能練身材嗎？

　　做自由重量其實也能有效健身，一般在家裡做徒手運動，
只要動作、重量、方式對，在哪裡運動都沒有差別。只是專
業的運動器材可以幫助想要訓練小部位肌群的人更有效率的
鍛鍊局部線條。如果只是要想將身材練的結實，肉不會晃，
其實在家做自由重量也是很好的選擇。尤其是對初期運動想
要練習大部位區塊的人來說，不一定非要用健身器材不可。
而到後期會上健身房多半是家裡的水瓶、道具等重量不夠
了，才會需要去使用健身房較為齊全的重量器材。

★ 該如何選擇健身房？第一次去做重量器材時要注意什
　麼事情？

　　剛開始會建議去運動中心練習，花少少的錢，達到基本運
動的功效，一段時間之後，真的有下決心，再考慮去健身房。
至於健身房的環境、地點、設備都是需要考慮的因素。仔細
看健身器材的保養狀態，室內的空調、服務人員的素質，可
以決定你之後在這裡運動的安全性、舒適度和心情的愉悅。

　　而第一次去健身房做重量器材要注意動作的正確性，我
建議使用器材一定要先請教教練，免得角度不對、手勢正反
不對等等，都會造成肌肉拉傷或代償等運動傷害。光看器材
上的圖解說明，姿勢還是不一定正確，效果也會打折扣。

★ 近年來很夯的運動有：重訓、 TABATA、高強度間歇
　運動 (HIIT)，其中有什麼差異？

　　TABATA 跟 HIIT 是適合在重訓結束後做的有氧運動。
TABATA 練下半身很好，很多跳躍和深蹲的運動，可以幫助
翹臀和練大腿肌。如果是要高強度，就把重訓的重量次數減
少來配合。而這些運動的訓練強度都是因人而異，不需要逞
強挑戰高難度，以自己能夠負荷的程度為主，做到貧血或受
傷就太過頭。

★高磅數才能練出好身材嗎？使用不適當的重量會發生
　什麼事？

　　如果每一個動作都是標準的、緩慢的進行，配合呼吸深
淺，即使小的重量也可以很好的鍛鍊肌肉。超高磅數真的是
健美選手在做的，別輕易嘗試。因為做的太重有可能會造成
肌肉撕裂傷、關節脫臼、半月板及軟骨毀損等各種運動傷
害，不論是隱性或是慢性，傷害一旦造成，都會導致日後必
須休養很久才能再重新運動。所以重量訓練的關鍵字在「訓
練」而不在「重量」，適量即可達到良好的效果，不用逼自
己一定要日進一斤，免得造成長期傷害。

★聽說「練得很好」的人渾身都是傷？如果沒有教練指
　導要如何防止運動傷害？

　　不一定，練的好或不好也都是見仁見智，重要的是動作如
果標準正確，就不容易受傷。但一旦有傷就要等它恢復健康
再開始訓練，因為全身很多區塊都相互關聯，所以無論是上
肢、下肢、膝蓋、肩受傷，最好都是休息康復之後再開始運
動，才不會愈來愈嚴重。像是有傷或膝蓋不好的人，就不要
再做深蹲或開合跳，如果真的非不得已要做，就不要負重。
　　如果沒有教練指導，還是可以從很多書籍或網路上找到
正確的運動姿勢。但實際上每個人因為肌肉分布、骨骼生長
的條件都不同，務必要隨時留意自己的姿勢，找到不偏離正
確角度、鍛鍊起來也舒服的方式。

★常常一想到運動就累，怎麼開始第一步？

我認為這不只是毅力問題，也是個習慣的問題。很多人都知道要養成一個習慣只要花 28 天到一個月的時間，只要有個目標或方向，不管是為了愛美或是健康，保養還是健身，只要每天在同一個時間逼自己持續做一件事，建立一個習慣，一個月過後你就會看到改變的效果。就上健身房運動而言，就算你不敢或不想做重量訓練，只要固定時間去踩踩腳踏車，即使 20 分鐘都好，就是慢慢可以養成運動的習慣。

★如果是要進行一個為期一年的健身計畫，該怎麼做？

如果要減重就一定要做有氧，要雕塑就是要先重訓再有氧。所以一開始可以先做二個月的有氧運動，把體脂降低到 20 到 25 之間，再開始做重訓加有氧。重訓持續到一定程度之後，就可以不用再做有氧了，除非你想要成為健美選手。

★感冒時適合運動嗎？

可以，但感冒期間較適合做中度以下的運動，慢跑、快走或瑜珈，喜歡做重量訓練的也必須降低強度，如果頭暈、噁心想吐就先停止運動。其實中度的運動可以加強免疫力，但如果有發燒的情形就不要運動，好好休息養病。

★有人說「Train like a man， look like a goddess」，女生們應該像男人一樣地訓練嗎？對女生子宮跟骨盆會不會有什麼傷害？

我完全同意這個說法，因為在我的觀念裡女生並沒有不能吃苦，女生也沒有因為天生力氣比較小而練不起來。反而是有很多人會說，女生練那麼壯要幹嘛？萬一變金剛芭比怎麼辦？這些言論我都覺得很荒謬。因為先天生理條件的不同，女生要把肌肉練得十分發達真的很困難，除非用藥或是吃輔助品，才有可能變成所謂的「金剛芭比」。我認為健身最重要的還是態度，女生可以把傳統的觀念拋在腦後，不要為自己設限，惟有這樣才能練出漂亮而立體的線條。而任何健身動作如果姿勢不正確，都會對身體造成影響，不只是子宮和骨盆，尤其是女生月經來前三天不建議運動，特別是核心或腹部訓練時，對子宮的正常代謝其實是額外的負擔。

★女生到底該不該練胸？女生最常被忽略的部位是哪裡？

胸部是由脂肪組成，而健身練有氧會代謝脂肪，所以肉肉女生原本的大罩杯變小是很正常的。但如果是體脂在標準值 (25) 內的女生，還是可以練胸，因為練胸肌可以讓胸部更挺，還能改善外擴、下垂、副乳等情形，好處多多，而且一般女生不可能會練成胸肌，何樂而不為呢？

女生最常忽略的部位是背。尤其女生夏天穿內衣會很容易發現背部的肉被內衣帶子擠出來，這就是最佳檢視你的背肌的方法，因為背部肌肉很少運動到，很容易堆積脂肪而不被察覺。

★懷孕期間還是可以重訓嗎？

懷孕期間可以做重訓，但不能太激烈，所有動作都要放慢、重量放輕。這時完全不必考慮要長肌肉或雕塑線條，也不能喝高蛋白，就是維持適度運動的習慣就好。健身房裡很常看到健康的準媽咪來運動，她們都很棒。

★運動神經不像雨柔那麼發達，總是同手同腳左右不分，
　或天生有肥胖基因怎麼辦？

練習、練習再練習。別人花一小時，我花一天，甚至一個月或一年學會一個標準動作，都很值得，因為只要學會就是你的。我不是天生健美，也不是運動科班，到現在也還一直在摸索和學習。健身只要有目標，走再遠的路也不嫌久。

★空腹運動效果更好？重訓中肚子餓了可以吃東西嗎？
　喝水好還是喝運動飲料好？

運動絕對不可以空腹。因為我們運動時一定要有碳水化合物去燃燒才有力氣動作，不然運動的效果和品質不會好，所以運動前一定要吃東西，只是不宜吃多，有吃就好。

重訓中如果肚子餓可以吃香蕉，但不建議吃麵包或餅乾，因為這些熱量都太高。舉凡白色澱粉類食物如：米飯或土司等等，都是對健身沒有幫助的食物。至於飲料，為了安全起見，運動中只要喝白開水就是最好的，運動飲料有時含糖量太多，容易有反效果。

★ 健身時應該要怎麼吃？能吃澱粉嗎？選擇零卡、脫脂
　產品就可以正常吃嗎？

　　無論如何千萬不要節食，只要降低熱量的攝取。澱粉不
是不能吃，但要吃好的澱粉，像蕃薯、花椰菜都是好的來源。
少量多餐是正確的觀念，但也不用太多餐，就是正常按三餐
吃，但把量減少。不管是倒金字塔或哪種吃法，只要知道自
己的基礎代謝率是多少，一天吃的熱量不要超過它，其實飲
食的量和次數都可以按個人的生活作息自行分配。但對一般
人而言，睡前四個小時不要再進食是比較好的。

　　近年來很多研究和報導指出，高脂、低脂和脫脂牛奶，
或是所謂的零卡、低卡可樂其實沒有差別，其實就都是牛奶
和代糖而已，很多選擇多半是行銷的手法。聰明的消費者真
正要在意的是要學著去分辨好的食物和不好的食物，吃對的
食物，盡量吃食物的「原形」而不是加工品。

★ 運動後到底能不能吃東西？要怎麼吃？運動後的飲食
　要怎麼控制才不會摧毀運動效果？

　　運動後一個小時內可以正常的進食，但不能暴飲暴食。
但如果運動後就要人睡的話，不一定要吃正餐，喝一些輔助
的飲品就好。

　　健身的飲食原則是「不節食，不吃撐」。現在有很多輔助
的工具，如各種手機 APP 都可以幫助計算飲食的熱量，三
餐都在外的人，很多更是靠便利商店食品標籤來計算熱量，
雖然也不一定準確，但總比毫無節制地吃來得好。我認為身

為一個健康的現代人，還是要對各類食物有基本的營養觀念，再去約略分配每天進食的熱量即可，不用太吹毛求疵，但也不能暴飲暴食。

★我需要喝高蛋白嗎？不喝高蛋白，肌肉就長不出來嗎？

　　長肌肉沒有絕對的關係，如果想要有很明顯的肌肉線條，喝高蛋白的確有效，但如果只是想要長肌肉，多喝奶類和豆類食物也有幫助。但喝高蛋白時要特別小心過量的問題，調配比例不對或是明明沒有運動卻喝很多，腎臟會因為沒辦法代謝過量的營養而出問題。

　　喝高蛋白的最佳時機大部分都是在運動中或運動後喝。要注意的是高蛋白不能當三餐的代餐，也不可以一罐喝一整天，因為經過氧化營養素會變質。如果喝高蛋白會拉肚子、長痘痘或是心悸，除了體質因素外，最大原因是喝太多或是運動量不夠。

★飲食控制期間，克制不了自己的食慾時，該怎麼辦？

　　其實只要有持續的運動與飲食控制，真的不用太苛責自己，每週可以放自己一天假，吃想吃的食物，不用把自己逼到絕境。

★月經期間需要控制飲食嗎？經期後減肥超有用？

　　經期間可以不用刻意控制，但切記前三天盡量不要運動。沒有「經期後減肥超有用」這種說法，健身要持續而且有規律才有效果，沒有捷徑，還有很多道聽塗說、投機取巧的說法都是消極而不正確的，那只會導致你藉口愈來愈多，更想在其他時候偷懶不運動。最好的運動時機就是現在，不必選什麼黃道吉日。

★對於有些女生為了減肥節食而導致生理紊亂、皮膚黯淡，你有什麼建議給他們呢？

　　我的觀念是天下沒有不勞而獲的事，想要美的健康，美的漂亮，無論如何還是必須要吃點苦去運動。節食過度失去了基礎的營養對身體真的很不好，不只亂經甚至可能會停經，不只影響身心，看起來氣色也會很差，很像吸毒犯！市面上有一些號稱能快速代謝燃脂的藥物，裡面可能都含有一些禁藥的成分，吃多了可能會心悸或亢奮，對身體都很不好，而且用這種不健康方式的瘦身，都很容易復胖。

PART 4

在家動起來！

運動前後的
拉筋伸展操

很多朋友運動完都會哀號全身痠痛，有些人會以為是運動過量，有些人會以為是抓舉重量不正確，其實最重要的問題是出在「拉筋伸展」做得不到位。運動前後的拉筋伸展一定要做好做滿，才能讓經過劇烈運動的肌肉得到徹底的舒緩，讓運動習慣長久維持下去。

1 右手叉腰，左膝微彎，右腳向前跨一步，腳跟著地腳尖翹起，上半身自然微彎並用左手指尖碰右腳尖。幫助伸展腿臀。接著換另一邊，左手叉腰，用右手指碰左腳尖。

2 站姿雙腳併攏後，右腳跟向後提，用右手握住腳背將腳跟提起，左手臂自然向前延伸平衡。幫助拉伸大腿肌。接著換另一邊，用左手拉左腳，右手前舉平衡。

3 自然站姿，雙手向背後伸展並扣住十指，頭部和下巴微微上仰，幫助擴展胸和背。

站或坐都可以
做伸展肩臂的動作

4 接著反向將雙手往前平舉並交
叉，兩手掌及十指反扣，背部
向前彎做圓背姿，頭朝下。

5 自然站姿，舉起雙手，將右手自然地向後彎，手肘朝上，左手掌繞過前額握住右手肘。伸展手臂和肩。接著換另一邊，用右手掌握住左手肘。

6 右手前舉，手臂繞過胸前向左伸展，左手臂靠近身軀，左手向上用左手掌扣住右手肘，使右上臂貼緊胸前，拉伸手臂及肩背肌群。接著換另一邊，用右手掌扣住左手肘，拉伸左手臂和左肩。

7 右腳往前一大跨做弓箭步，左腳跟自然提起。上半身前傾用左手掌撐地幫助平衡，右手肘彎曲用手掌自然握住左臂。頭朝前方下巴往內收。背部打平，拉伸腿部後側肌肉。

8 扭轉腰部和上半身將胸背向右側打開，右手與地面垂直向上舉，手掌打開，手指拼攏朝向天空。頭部自然向上視線往上延伸或看著右手指尖。維持5-10秒。

9 　右手放下，回到弓箭步，兩手掌向下撐地，臉朝下。右腳尖翹起腳跟著地，身體重心向後，伸展腿部前側肌肉。

10　身體向後收回，雙腳保持一前一後，上半身自然挺直成人字形，雙手手臂放鬆置於身體兩側，視線朝前。最後收回前腳，回到自然站姿。另一邊也同樣做一次。

全世界最好的伸展動作

適合運動前做為暖身

11　身體仰躺在瑜伽墊上貼近地面，腳尖朝上，雙手自然放在身體兩側。

12　上半身保持不動貼地，右腳抬起屈膝轉向另一側，扭轉側腰及臀部，雙手打開，或用左手輕壓右大腿保持穩定，維持15秒。伸展側腰部。換邊再做15秒。

腹

再健小腹婆
核心

腹部是女人最重視的一塊，腹部平坦是基本的，現在更要有漂亮的曲線！川字肌、馬甲線是不是很難練呢？又要怎麼維持呢？跟著我一起來練出漂亮平坦的美人腹！

NG
過程中注意保持腰部挺直，腹部內收，核心出力，下背或腰部不往下凹。

基礎平板式 ▶

在瑜伽軟墊上以手肘撐著地面，手肘在肩膀正下方與肩同寬，雙腳併攏打直，撐起身體成一直線。
維持姿勢不動30秒。自然呼吸。

NG
注意臀部不要抬高拱起。

進階平板式 ▶

準備6個紙杯，杯蓋朝下疊成
一排放在瑜伽墊前方。

維持平板式，腹部用力，
保持呼吸。

2 用一隻手肘撐住，另一隻手將
紙杯一個個依序排列堆高，共
三層。

3 再依序將紙杯一一收回，恢復
成一疊，小心不要碰倒。結束
後換另一隻手重複一次。
★這個動作因為單手離地，容
易使身體失去平衡，將增加平
板式的難度，加強訓練核心，
同時也增加運動的趣味性。

終極平板式 ▶ 準備1個抗力球，放在瑜伽墊上靠近小腿的地方。

做平板式，但以手掌撐著地面，手掌在肩膀正下方與肩同寬，雙腳併攏打直，小腿放在抗力球上，撐起身體成一直線，維持30秒。

★ 這個動作因為球體晃動不好控制，同樣容易使身體失去平衡，將更增加平板式的難度。

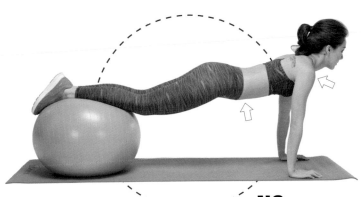

NG
注意不要聳肩，腹部用力腰部不下垂。保持自然呼吸不憋氣。

再健小腹婆
上腹

上腹指的是腹部上端、胸部以下的部位，想要有明顯的腹肌線條，一定要先將脂肪量降低，鍛鍊上腹可以讓六塊肌更加明顯，女生就算不用練出六塊肌，也可以讓腹部線條更緊實，胸部也會更挺。

仰臥起坐 ▶

1 自然平躺在瑜伽墊上，雙腳屈膝。雙手平放在頭部兩側。

▶每組12-15次。
▶至少做3組。

2 腹部捲起用力，同時雙手將上半身往前帶。訓練上腹部的肌肉。

進階仰臥起坐 ▶

1 身體平躺，肩背和雙腳離
地，手臂向內收，雙手握
拳放在臉頰兩側，腹部出
力。

▶ 每組12-15次。
▶ 至少做3組。

2 雙腳屈膝，上半身自然往
前彎，腹部內縮成V字形。

終極仰臥起坐 ▶ 準備1個抗力球，放在瑜伽墊上。

1 坐在抗力球上，雙腳打開與肩同寬。雙手自然放在大腿上。

2 上半身向後仰躺，雙手靠胸，握拳收在下巴，身體保持平衡盡量不要搖晃。

▶ 來回做12-15次。

3 腹部用力，上半身前傾坐起。注意是靠腹部核心的力量坐起，頸椎不要用力。

再健小腹婆
下腹

腹肌包含了身體正面臀部以上、胸部以下的範圍，常聽到的「人魚線」便是屬於下腹肌的鍛鍊。

左右抬腿 ▶

1　雙手平放兩側，兩腳併攏自然仰躺在墊上。雙手打開，手掌貼住地面。

2　腹部用力，雙腳拼攏抬起，垂直離地。
　★注意腳與地面呈直角。

3　下背不離地，雙腳拼攏向
　左側。肩胛骨稍微離地。

▶每組來回12-15次。
▶至少做3組。

4　下背不離地，雙腳拼攏向
　右側。訓練下腹肌。

上下抬腿 ▶

1 雙手平放兩側，兩腳併攏自
然仰躺在墊上。雙手打開，
手掌貼住地面。

2 腹部用力，一邊呼氣一邊抬
起雙腿使垂直離地，只要均
勻呼吸即可。
★ 注意抬腿時臀部不要離開
地面，膝蓋也不要彎曲。

3 雙腳放下但不落地，用腹肌的力量維持，上下來回擺動算一次。透過來回收縮運動來強化腹肌的彈性。

▶ 每組來回12-15次。
▶ 至少做3組。

捲腹 ▶ 到公園使用單槓，雙手抓單槓捲腹。

1 雙手正握單槓，雙腳弓起至腰的高度。

2 腹部出力，將雙膝拉近胸前。

TRX平板式 ▶

1 一樣是平板式，手肘彎曲，手臂撐起，身體成一直線，但腳背離地掛在TRX拉環上。同樣是訓練腹部核心，TRX訓練帶晃動的不穩定性會使腹部更需要用力以平衡身體，加強平板式的難度。一樣維持30秒。

NG

注意腹部要施力，不讓下半身太靠近地面或甚至著地。

NG

臀部也不要翹起，使側面保持自然的一直線。

TRX捲腹式

1 首先做TRX的平板式。

▶ 每組12-15次。
▶ 共做3組。

2 膝蓋往腹部屈膝前彎，臀部微微翹起，來回收縮運動，訓練腹部的肌耐力。

TRX A字式 ▶

1　同樣先維持TRX平板式。

▶每組12-15次。
▶共做3組。

2　接著利用上腹部及腰臀的力量來帶動整個上半身垂直於地面,從側面看來就像個A字形。

終極TRX平板式 ▶

1 首先維持TRX平板式。
接著單腳屈膝向腹部彎，
臀部微微翹起，膝蓋騰
空。

▶每組12次。
▶至少做3組。

2 換邊單腳屈膝，兩邊輪流
做。

腰

再健水桶腰
腰肌

腰線是最能展現女性曲線的區段，除了追求無贅肉，更重要的是能展現緊緻的線條感！為了達到S曲線的目標，腰肌的鍛鍊不可少，讓我們透過小道具輕鬆打造女神腰吧！

腰肌1 ▶ 準備兩個同樣大小的水瓶。

1 坐在瑜伽墊上，雙腳屈膝，腳尖朝上，手臂夾緊兩手彎曲，將水瓶握在胸前，

▶ 換邊輪流做12次。
▶ 共做3組。

2 雙腳抬離地面，轉動腰部將握水瓶的雙手向側邊移動。

腰肌2 ▶

1 雙腳屈膝平躺腳掌著地。左腳翹在右腿上。雙手微微彎曲握拳放在頭部兩側。

2 腹部用力，上半身抬離地面，轉動腰肌用右手肘碰左膝蓋。

3 身體轉正。

▶ 每組做12-15次。
▶ 共做3組。

4 身體躺下。反覆做12-15
次。換邊翹右腳用左手碰
右膝蓋。將會感到腹部和
腰肌的痠痛是正常的。

腰肌3 ▶

1 平躺屈膝，肩背微微離地，
手臂也離地，手掌朝下。

2 肩胛固定。用腹部施力轉動
腰部，讓左手摸左腳跟。

每
天
入
睡
前
，
早
上
賴
床
時
都
可
以
做
！

3 下背不動，再轉動腰部向另
一邊，讓右手摸右腳跟。

▶ 來回做12次，再休息。
▶ 至少做3組。

腰肌4 ▶

1 身體側一邊，雙腳交叉，單手手肘彎曲撐起上半身，另一手叉腰。

▶每組做12-15次。
▶至少做3組。

2 用腰部的力量，將下半身腿臀和整個身體微往上抬離地。上下來回移動。

TRX腰肌 ▶

1 從TRX平板式開始。
雙腳併攏屈膝往右側腹部
彎曲,之後回到平板式。

▶做12下後休息。
▶再做2-3組。

2 接著同樣雙腳併攏屈膝再
往左側腹部彎曲,再回到
平板式。反覆訓練左右捲
腹,運動側腰部肌群。

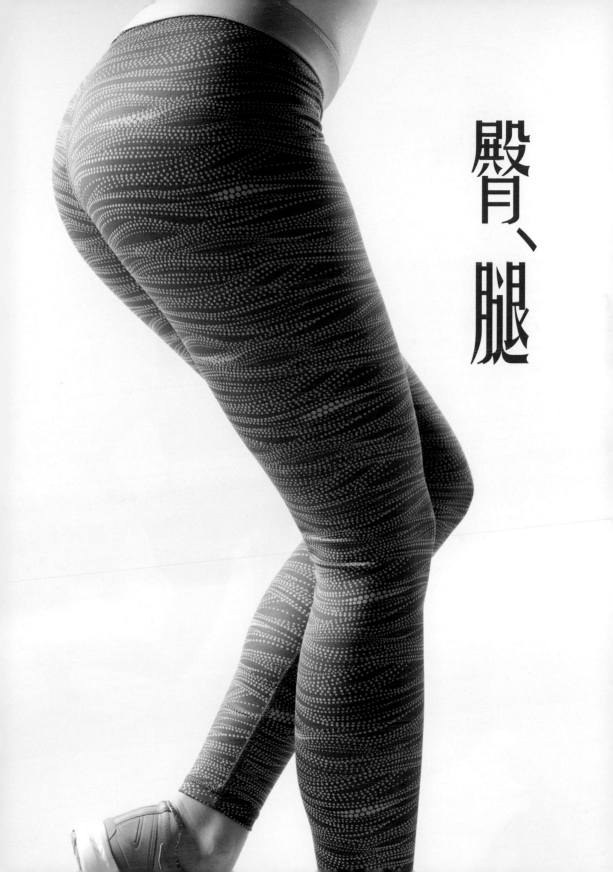

臀、腿

再健鬆垮腿、扁平臀
腿臀

羨慕別人的翹臀嗎？其實透過訓練腿臀的肌群，你也可以擁有蜜桃臀！先天不良，後天微調，腿臀一起鍛鍊，擁有完美玲瓏的下半身曲線！

腿臀1 ▶

1 背部打直，雙手叉腰，雙腳打開與肩同寬，兩腳朝前方。左腳抬起登階，右腳往下蹲成弓箭步。

讓走樓梯更有樂趣，
走一步，
離美進一步！

2 臀部夾緊，大腿用力，向上抬起右腳。跨登上階梯後再換腳。反覆訓練下肢，使腿臀更有力。

腿臀2 ▶

1 背部挺直，雙手叉腰，雙
腳打開與肩同寬，兩腳朝
前方。

一邊刷牙、一邊深蹲，不浪費每一刻！

2 背靠牆壁，向下深蹲，讓大腿跟牆壁呈90度，30秒站起來休息。

★ 如果不想靠牆也可以放張和小腿高度差不多的椅凳或木箱，往下蹲讓屁股微靠到椅凳或木箱就起來，同樣有深蹲的效果。

腿臀3 ▶

1 身體躺平，雙腳屈膝，手掌向下貼地。

2 屁股夾緊抬起，用腰臀的力量拱起，將下背抬離地面。

3 接著右腳彎曲向腹部靠近屈膝，收縮腹部運動臀大肌。

▶ 反覆做 12-15次。
▶ 換邊訓練。
▶ 至少做3組。

4 再將小腿打直，雙膝拼攏，伸展腿部。

腿臀4 ▶

1 站在階梯上，雙腳與肩同寬，雙手自然放在身體兩側。單腳向下踩一格階梯。

2 前腳屈膝，後腳跟著向下，重心往前，核心微微出力，上半身保持挺直。

▶ 兩腳輪流各做4次。

腿臀5 ▶ 準備2個一樣大小的水瓶。

1 雙腳與肩同寬站姿，雙手握水瓶自然往下垂放，手臂微微出力。右腳向前跨大步，上身保持挺直不駝背。

▶來回走40-50步為一組。
▶共做3組。

2 大腿和臀部用力，將左腳
往前舉起屈膝，使左大腿
與地面平行。

3 左腳往前跨，小腿維持與
地面垂直，大腿用力，右
腳屈膝向下。輪流跨出ㄅ
箭步。

TRX腿臀1 ▶

1 保持站姿，雙腳打開與肩同寬，雙手掌朝內握住TRX握把後，雙腳可往前移一步，然後 雙膝微微彎曲，腳掌貼地，重心放在腳跟。

2 握住手把，屈膝身體重心
往後，屁股向後做深蹲。
再用腰臀和手臂的力量撐
起身體，回到站姿。

▶每組做20次。

TRX腿臀2 ▶

1 雙手握TRX手把向後拉,手肘彎曲。雙腳前後打開成人字形。

2 單腳屈膝向下,後腳腳跟離地成弓箭步。回到站姿再換邊。

▶左右各一次輪流做15-20次。

臂

再健掰掰袖
手臂

激發我開始健身的罪魁禍首
就是 — 掰掰袖，手臂肉一
晃，人就老十歲，跟著我一
起做，讓我們都成為沒有蝴
蝶袖的美麗花蝴蝶！

手臂1 ▶

1 雙腳併攏站姿，雙手握水
瓶手掌朝前，手肘靠在腰
的兩側。

2 手肘向內彎，手臂用力將
水瓶慢慢舉起約到肩膀的
位置，再慢慢放下，訓練
二頭肌。

▶緩慢地重覆12-15次。
▶至少做3組

▶緩慢地上舉12-15次。
▶至少做3組。

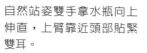

1　自然站姿雙手拿水瓶向上伸直,上臂靠近頭部貼緊雙耳。

2　用三頭肌的力量,下臂向頭後方擺,再慢慢向上伸直,反覆做彎舉的動作。

手臂3 ▶

身體朝下，腳跟離地，將
手臂往身體靠近後，手掌
放置在胸部的位置撐地。
★注意上半身和屁股不要
抬過高。

▶每組做12-15次。
▶至少做3組。

手肘向後彎曲，身體向
下，不落地做伏地挺身。

正面
注意手臂打開與肩同寬即
可，訓練三頭肌。

手臂4 ▶ 利用床鋪、沙發、矮櫃。

1 將手掌反撐在床邊，雙腳併攏，雙腳屈膝微彎，站在床邊前。

▶每組做12-15次。

2 手肘彎曲，身體向下蹲坐不著地，再用手臂的力量撐起。

TRX手臂 1 ▶

1 雙膝著地成跪姿，雙手往下握住手把，手肘彎曲讓身體重心往前，背部打直。注意身體的平衡。

▶每組做12-15次。

2 手臂用力，手肘打直讓身體重心回到正常跪姿。可訓練手臂三頭肌。

TRX手臂 2 ▶

1 把TRX帶調短，站姿反手握住手把，再往前跨一大步，身體重心在後，拉伸手臂，背部出力將身體穩定保持如〉形。

2 手肘彎曲，手臂用力將身體往前拉，注意身體仍然保持一直線。

▶ 每組拉12-15次。
▶ 至少做3組。

肩、背

再健圓滾肩
肩膀

上班族每天長時間維持固定姿勢，久了都會造成駝背及腰酸背痛的症狀，透過訓練肩膀與背部可以幫助身體「挺」起來，快來迎接抬頭挺胸的新日子！

肩膀1 準備椅子、同樣大小的水瓶。

1 雙腳併攏坐在高椅背的椅子上，腰背挺直，雙手握水瓶，手臂打開手肘彎曲向上舉到頭部的位置，注意肩膀要固定，也不要聳肩。

2 雙手慢慢向上舉高做肩推，再慢慢放下，不要忘記推的時候緩慢吐氣，注意呼吸。

▶每組做12-15 次。
▶做3-4組。

肩膀2 ▶

1 一樣坐在高椅背的椅子上，上身前傾，腰背挺直，雙手握水瓶，一邊吐氣，一邊雙手手臂用力向上，緩慢平舉至略高於肩膀約頭部的位置。

▶ 每組做12-15 次。
▶ 做3-4組。

2 慢慢將手臂放下，雙手自然垂放在椅子兩側。

肩膀3 ▶

準備一行李袋，內容重量依個人能力斟酌。

1 雙腳打開略寬於肩膀，雙手將袋子提起，手臂自然垂直於地面。

2 一邊吐氣，一邊將手肘彎曲，手臂向上平抬拉舉袋子，再緩慢放下。

▶ 配合呼吸做12-15次。
▶ 至少做3-4組。

TRX肩膀 T 字式 ▶

1 手臂打直不鎖死,正手拉
起TRX繩,身體向後傾倒做
預備姿。

2 手臂打開平舉,將身體
向前拉起成T字形,再
回到預備姿。

▶配合呼吸做12-15次。
▶至少3組。

正面示意
手臂平舉與身體垂直成T
字形。

1 手臂拉直，身體向後做預備姿。

2 手臂打開平舉，將身體向前拉起成T字形，再回到預備姿。

TRX肩膀 Y 字式 ▶

▶配合呼吸做12-15次。
▶至少3組。

正面示意
手臂高舉與身體形成Y字形。

TRX肩膀I字式 ▶

1 手臂拉直，身體向後做預備姿。

2 手臂向上高舉過頭，與地面垂直，將身體向前拉起成I字形，再回到預備姿。

正面示意
手臂高舉過頭，整個人成I字形。

125

再健老虎背
背肌

虎背熊腰是女人最害怕的形容詞，長期駝背就會導致肩頸脂肪不正常地向後背堆積，最後變成厚片人！現在開始就來鍛鍊背肌吧！背肌結實了，也不會總是被內衣勒出橫肉喔！

背肌1 ▶

1 左手拿水瓶，右手往前支撐身體，右手屈膝向前跪，重心往前，左腳跟提起離地，身體盡量成一直線。

2　左手肘彎曲，拉提起水瓶再放下。

▶ 每邊拉12-15下再換邊。
▶ 做3-4組。

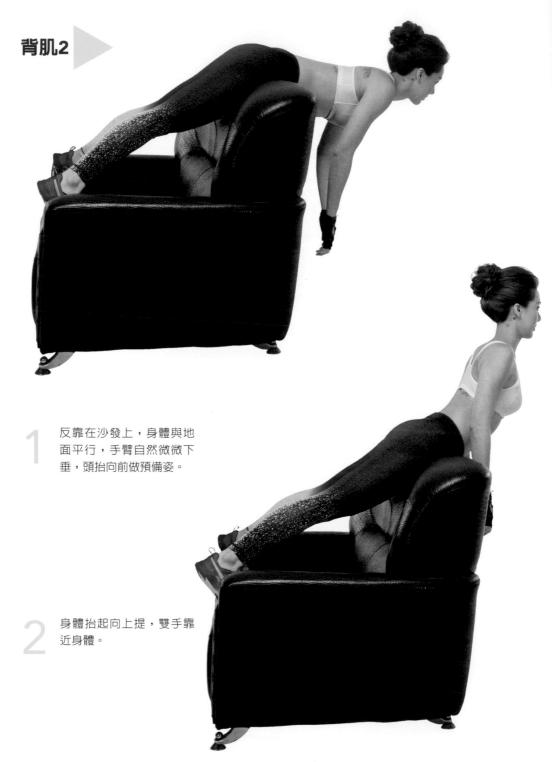

背肌2 ▶

1 反靠在沙發上，身體與地面平行，手臂自然微微下垂，頭抬向前做預備姿。

2 身體抬起向上提，雙手靠近身體。

3 利用手臂的力量將雙手高舉過頭，稍微用力夾背。再放下。

▶每組做12-15次。
▶至少3組。

TRX背肌1 ▶

1 手臂打直拉住TRX帶，身體
向後傾成預備姿。

2 手肘向內彎曲，將身體拉
回一般站姿。

背面示意
手肘向內彎曲，將身體往
前拉。記得夾背。

1 手臂打直拉住TRX繩，身體
向後傾成預備姿。

2 手臂貼緊身體，手肘向前
彎曲，將身體拉回一般站
姿。

TRX背肌2 ▶

背面示意
手臂貼緊身體，背部夾
緊，再放鬆回到預備姿。
鍛練背部肌肉。

再健下垂胸
胸肌

很多女生不敢練胸，怕胸部練成肌肉，變成石頭奶，其實不用擔心！練胸不僅可以讓胸部更堅挺，還可以預防外擴、下垂，為何不練呢？

胸肌1 ▶

1 平躺屈膝，肩背不離地，雙手握水瓶，手臂往兩側打開，手肘彎曲向上。

▶ 推12-15下為一組。
▶ 做3-4組。

2 手臂向上打直，將水瓶向上平舉，雙手要舉在約略平行的位置。

胸肌2 ▶

1 身體朝下，手臂伸直，手
掌打開約離肩膀15公分的
地方，用力撐地，腳跟離
地做伏地挺身預備姿。

2 手臂彎曲，身體向下不落
地。保持自然呼吸。

15公分

正面示意
手臂伸直，手掌打開約
離肩膀15公分的地方。
反覆練習，可以鍛練胸
肌。

TRX胸肌 ▶

1 身體前傾，手臂彎曲平舉
握住手把。

側面示意
身體前傾，手臂彎曲平舉
握住手把，雙手靠近胸
前。注意臀部不要翹起。

2 手臂用力向下，將身體
推起。

▶ 反覆推12-15次。
▶ 至少3組。

側面示意
手臂用力向下，將身體推
起成一直線。

PART 5

吃對了，瘦更快！

嗜米如命的農夫命

飲食是減重成敗的關鍵，這就像是欠債還錢的概念一樣，端看你吃進了什麼東西。如果你吃的是油膩膩的高熱量食物，那就像是欠了高利貸一樣，本金不說，光是利息就會壓得你喘不過氣；如果你吃的是清淡水煮食物，那就是小額借貸，有借有還，再借不難。

為了讓健身達到事半功倍的效果，搭配飲食的節制是一定要做的！從前我最喜愛的食物就是白米飯，每餐若少了白米飯就會不開心，即使沒有任何配菜，只要給我白米飯我就能吃的香甜，可以說是「嗜米如命」的怪怪女，媽媽還笑我是「農夫命」，總說生了米桶女兒，一來擔心家裡被我吃垮，二來擔心我會嫁不出去……哈哈！

但對模特兒和藝人來說，白米飯不但是熱量較多的澱粉來源，同時也過於精緻，吃太多真的對健康沒有幫助。因此健身之後我其實花了好長一段時間來改變飲食習慣，戒掉這個從小到大的飲食習慣，漸漸能夠接受沒有白米飯的日子，改吃健康一點的糙米飯。

周休一日飲食法

現在我每天通常不超過兩餐，中午若要外出工作，我會汆燙花椰菜和雞胸肉帶出門吃。若工作太忙，沒時間準備午餐，我會選擇便利商店裡低卡的食物，例如：蕎麥麵或沙拉（不加調味醬），因為超商餐點都有標註熱量，比較好掌握攝取的份量。要記得每天的熱量絕不能超過你的基礎代謝率！運動前可以喝杯黑咖啡幫助熱量燃燒，並盡量空腹半小時以上，若真的有點餓，可以吃半根香蕉或堅果棒止饑；運動過後一定要吃，只是要少吃澱粉，原則上是維持低 GI 飲食，通常可以喝無糖高纖豆漿來補充能量，減緩飢餓感。

一週當中可以固定一天休假讓自己喘息，正常地吃一般飲食，也可以吃稍微高熱量的東西，因為已經形成健身的習慣，你的基礎代謝率也會隨之提高，所以即使攝取較多熱量也不容易胖。女生經期來的時候身體比較虛弱，前三天最好先停止做激烈運動，飲食也不要過度節制。最可怕的宵夜無論在任何時期，都是減重者的一大禁忌。另外就是各種酒精飲料，會很容易讓身體掉肌肉，也是練健身的人絕對不能接觸的！

最後，也是對想減重的姐妹們來說最重要的，就是切記絕不要把情緒發洩到食物身上，一定要找其它方式代替。說真的，沒有任何一種食物比激瘦的感覺還要美味，最好的就是運動了！ 所以不管你的狀態有多糟，情緒有多差，一起動起來，持之以恒，很快就會看到改變的效果喔！

健身飲食須知

　　基本原則是一定要減低澱粉的攝取，每一餐的澱粉類以
50 克（約半碗飯）為基準，白米飯太精緻，熱量也太高，
可以選擇五穀米跟糙米，這兩者的熱量是米飯類中最低的。
而肉類中，牛肉、雞肉、海鮮的營養價值是最高的，是健身
時主要的肉類攝取來源，豬肉有 50% 都是脂肪，所以不建
議食用。想要長肌肉的話，要多攝取蛋白質，雞蛋可以吃，
但是蛋黃的量要控制在一天最多一顆，不可超過。

　　★女性每餐需要的營養份量（男性每餐需要的營養份量剛
好是女性的一倍）

**蛋白質
（肉類）**
一個手掌心

堅果
一個大拇指

蔬菜
一個握緊的
拳頭

澱粉
一個手掌杯

以下要為大家介紹健身時可以享受的八道低熱量菜單、二十道健人便當菜和六款高纖健康飲，記住──飲食是決定健身成效的重要角色，只要改變烹飪與調味方式就可以降低料理的熱量，鞏固你的健身效果！

　　低熱量菜單是針對正在進行重訓計畫的你，我設計了低卡、高纖、富含優質蛋白質的八道菜單，這八道可以取代每一餐，讓你的健身計畫不被打亂。

　　健人便當菜是專門為上班族設計的健康食譜，考量到上班族整日工作勞心勞力，做為體力補充來源的午餐便當還是要有米飯才能支撐下去，因此特別以米飯為基底，設計了四道主食、十道營養配菜、四道蛋類料理、兩道豆腐料理讓大家可以自由變化搭配，每天選 3 ～ 4 樣搭配即可，同性質不可以搭在一起喔！讓我們一起來達成健人目標！

　　高纖健康飲則能幫助你遠離手搖飲料的深淵！別再喝不天然的含糖飲料了，早上起床不太餓嗎？喝一杯果汁，能讓全身細胞甦醒過來；下午有點嘴饞嗎？喝一杯健康飲品補充各種維生素，迅速提振體力！這六款高纖健康飲希望能讓重視身體健康的你，從裡到外元氣滿滿！

低熱量菜單

─────

健身時也可以享受美味

低熱量菜單是針對正在進行重訓計畫的你，這八道菜低卡、高纖、富含優質蛋白質，一道可以取代一餐，讓你享受美味，卻還能鞏固健身效果！

 ## 米酒蒸白蝦

新鮮白蝦，灑一些鹽清蒸，甘甜的蝦味配上彈牙的蝦肉，這一餐不搭配其他食材，蝦肉吃到飽！切記湯汁不可以喝，只能吃蝦肉喔！蝦肉是非常好的蛋白質來源，低脂高蛋白，對健身的人來說是不可多得的食材！

材料──

蝦子	0.5斤
米酒	1碗
鹽、蔥絲	少許
枸杞	少許

做法──

1. 白蝦洗淨後至於盤中。
2. 將米酒淋在白蝦上，撒上薄鹽。
3. 整盤放入電鍋，蓋上鍋蓋，蒸煮3分鐘。
4. 掀蓋後以湯匙將湯汁澆淋在白蝦上，撒上蔥絲枸杞點綴即完成。

{ 變化菜色
啤酒白蝦、清蒸白蝦 }

熱量（Kcal）	318.6
碳水化合物（g）	5.73
蛋白質（g）	67
脂肪（g）	0.66

低卡高纖水果沙拉

不想花時間料理、又想要吃得清淡時，就吃水果沙拉吧！含有豐富的纖維素，能促進腸胃蠕動，幫助消化，是健身減脂的好夥伴唷！

材料——

甜份不高的水果

蘋果、奇異果	各30克
蘿蔓生菜	1顆
小黃瓜	1根
堅果	1小把
葡萄乾	少許
水果醋	適量

做法——

1. 將生菜、小黃瓜、水果洗淨。
2. 生菜剝成適當大小、水果切丁、小黃瓜切片。
3. 將食材依序放入碗中，撒上堅果與葡萄乾。
4. 依個人口味搭配水果醋或優格醬即完成。

熱量（Kcal）	130.06
碳水化合物（g）	21.88
蛋白質（g）	4.24
脂肪（g）	5.21

13　水煮雞肉沙拉

晚餐若擔心吃不飽、又擔心熱量太高的話，可以吃水煮雞肉沙拉，雞胸肉脂肪含量低，是優質的蛋白質來源，生菜含有豐富的纖維質，是健身者的好朋友！搭配沙拉吃起來清爽又有飽足感噢！

熱量（Kcal）	268.45
碳水化合物（g）	9.35
蛋白質（g）	26.15
脂肪（g）	15.14

材料——

水煮雞胸肉	100克
蘿蔓生菜	1顆
小黃瓜、紅蘿蔔	適量
油醋醬	適量

做法——

1. 雞胸肉先用蛋白抓捏5分鐘，靜置15分鐘，讓肉質變軟嫩。
2. 水滾後將雞胸肉放進鍋裡後立即關火，蓋上蓋子以熱水餘溫燜熟。
3. 雞胸肉放涼後剝成絲備用，將小黃瓜切片、紅蘿蔔切絲。
4. 在碗中依序放入生菜、小黃瓜、紅蘿蔔及雞肉絲。
5. 撒上堅果搭配油醋醬即完成。

{ 變化菜色
燻鮭魚沙拉、菇菇沙拉 }

4 水煮鮪魚蛋炒飯

偶爾真的很想吃米飯、農夫癮發作的時候，可以試試這一道「水煮鮪魚蛋炒飯」，減油減鹽，營養又美味，但記住白飯熱量偏高，不能吃超過一碗喔！

材料——

水煮鮪魚罐頭	0.5罐
白飯	1碗
雞蛋	3顆
（只用1顆蛋黃）	
洋蔥	0.5顆
橄欖油	少許
蔥花、蒜末	少許

做法——

1. 將鮪魚罐頭湯汁瀝除備用。
2. 熱鍋，以小火爆香蒜末，加入洋蔥拌炒。
3. 加入雞蛋炒熟後，倒入白飯。
4. 加入水煮鮪魚拌炒，起鍋前灑一點點黑胡椒即完成。

熱量（Kcal）	533.54
碳水化合物（g）	74.28
蛋白質（g）	33.78
脂肪（g）	11.58

乾煎蒜片牛排

想變換口味的話，也可以來點西式料理喔！牛肉含有豐富的蛋白質與胺基酸，可以增強肌肉，加強力量，且脂肪含量低，只要慎選料理方式與調味醬料，健身也可以享有高品質的美食噢！

熱量（Kcal）	390.43
碳水化合物（g）	15.67
蛋白質（g）	35.48
脂肪（g）	21.15

材料———

牛排	150克
馬鈴薯泥	半顆
油、海鹽、蒜片	少許

做法———

1. 牛排若是冷凍的，需先取出退冰。
2. 將牛排表面多餘的水分以紙巾吸掉，撒上少許鹽巴。
3. 鍋子燒熱後放入牛排，單面煎至微焦即可翻面續煎。
4. 依個人喜好調整肉質熟度。
5. 將大蒜切片放進烤箱烤30秒，盛盤即完成。

馬鈴薯泥作法

熱量（Kcal）	264.39
碳水化合物（g）	28.67
蛋白質（g）	12.87
脂肪（g）	10.71

材料———

馬鈴薯	1顆
牛奶	1杯
鹽、起司片	少許

做法———

1. 馬鈴薯削皮切小塊，放進電鍋蒸熟。
2. 趁熱放入起司片攪拌，並倒入牛奶。
3. 以湯匙慢慢壓碎拌勻，再將鹽巴仔細撒上。
4. 壓成泥狀即完成。

番茄雞肉糙米粥

輕輕鬆鬆做出低熱量、高營養美味糙米粥！健身時要減少攝取精緻食物，糙米是很好的澱粉來源，營養成份比白米高，能提供身體優質的能量來源。小叮嚀：糙米要浸泡一夜，泡完置入分裝袋放進冷凍庫，要煮的時候再拿出來退冰就可以囉！

材料——

糙米飯	150克
雞肉	60克
番茄	1顆
芹菜、蔥、鹽巴	少許

做法——

1. 食材洗淨後，將雞肉跟番茄切塊，芹菜、蔥切段。
2. 糙米加水煮成粥後，將所有食材放入熬煮。
3. 起鍋前加入少許鹽巴調味即完成。

熱量（Kcal）	288.32
碳水化合物（g）	50
蛋白質（g）	19.06
脂肪（g）	1.41

07　清蒸鱈魚豆腐

這道「鱈魚豆腐」可說是真正無油料理喔！無油料理讓
身體負擔變輕，豆腐含有蛋白質、鱈魚還有足夠的營養
素，不僅適合健人食用，也適合老人、小孩、孕婦食用
喔！但鱈魚皮油脂含量高，健人不需要全部吃下肚；煮
好一塊鱈魚可以分三等份，每餐吃一等份就足夠。

材料——

鱈魚	500克
嫩豆腐	1盒
鹽、薑絲、青蔥	少許

做法——

1. 將豆腐切成片狀，平鋪在盤子上。
2. 鱈魚洗淨後，以紙巾吸乾水份。
3. 在鱈魚兩面抹上些許鹽巴，平放在豆腐片上。
4. 上方放上薑絲及蔥絲，若希望口味重一些也可放破布子或蒜末。
5. 放進電鍋蒸煮15分鐘即完成。

熱量（Kcal）	535.88
碳水化合物（g）	5.48
蛋白質（g）	76.79
脂肪（g）	22.87

蔬果精力湯（兩人份）

蔬果精力湯一碗可取代一餐，非常有飽足感喔！別看他
賣相不佳，這可是營養價值最高的精力湯！健身的時候
除了增肌補充蛋白質，也別忘了纖維質的攝取喔！這一
碗湯裡包含紅蘿蔔、蘋果、菠菜、堅果、油脂……等，
可說是備齊一日的營養需求了，害怕蔬果味道的話，蜂
蜜可以多加一點，十分鐘內要喝完喔！

熱量(Kcal)	233.87
碳水化合物(g)	26.1
蛋白質(g)	5.56
脂肪(g)	14.51

材料——

紅蘿蔔	1/3條
蘋果	2/3顆
菠菜	一把
蜂蜜	少許
堅果	一把
苦茶油或橄欖油	少許
水	一杯

做法——

1.將食材洗淨後切成小塊。
2.放進果汁機攪打均勻即完
　成。

健人便當菜

健人便當菜是專門為上班族設計的健康食譜，考量到上班族整日工作勞心勞力，因此特別以米飯為基底，設計了四道主食、十道營養配菜、四道蛋類料理、兩道豆腐料理讓大家可以自由變化搭配，讓我們一起來達成健人目標！

上班族低熱量美味便當

主食類

 乾煎鮭魚

材料————

| 鮭魚 | 150克 |
| 鹽 | 少許 |

做法————

1. 將鮭魚抹上少許鹽巴。
2. 以不沾鍋乾煎至全熟即可。

熱量（Kcal）	260.51
蛋白質（g）	31.05
脂肪（g）	14.18

 鮭魚油煎雞胸肉

材料————

| 雞肉 | 150克 |

做法————

1. 雞肉切成小塊備用。
2. 用煎鮭魚留下的油拌炒雞肉。
3. 炒至全熟即完成。

熱量（Kcal）	243.95
蛋白質（g）	33.6
脂肪（g）	11.34

3 烤牛小排

熱量（Kcal）	408.97
碳水化合物（g）	4.5
蛋白質（g）	18.66
脂肪（g）	34.84

材料——

牛小排	120克
洋蔥	0.5顆
海鹽	少許

做法——

1. 牛排若是冷凍的，需先取出退冰。
2. 以紙巾將多餘水分、血水吸除。
3. 將牛排抹些許鹽巴後，以鋁箔紙包裹放進預熱的烤箱中。
4. 10分鐘後取出即完成。

4 乾煎牛排

熱量（Kcal）	324.99
蛋白質（g）	15.13
脂肪（g）	28.87

材料——

牛排	100克
鹽、黑胡椒	少許

做法——

1. 牛排若是冷凍的，需先取出退冰。
2. 以紙巾將多餘水分、血水吸除。
3. 兩面抹少許鹽巴後，熱鍋加少許橄欖油。
4. 每面煎至微焦即完成。

蔬菜類

白花椰菜炒香菇

材料———

白花椰菜	0.5顆
香菇	5朵
蒜末、鹽、油	少許

做法———

1.香菇泡水洗淨後對切。
2.白花椰菜先以開水汆燙，
  加鹽調味。
3.起鍋熱油，以蒜頭爆香，
  加入香菇拌炒。
4.最後加入花椰菜煮至全熟
  即完成。

熱量（Kcal）	76.59
碳水化合物（g）	7.45
蛋白質（g）	3.33
脂肪（g）	5.21

水煮花椰菜

材料———

花椰菜（白、綠皆可）	
	0.5顆
鹽	少許

做法———

1.花椰菜洗淨後，切成小
  朵。
2.開水煮滾後，加入花椰菜
  和少許鹽巴。
3.煮至全熟即完成。

熱量（Kcal）	22.85
碳水化合物（g）	4.24
蛋白質（g）	1.96
脂肪（g）	0.14

7 芥菜炒冬瓜片

材料——

小芥菜	100克
冬瓜	200克
紅蘿蔔	40克
黑木耳	40克
薑、蒜	切片
蔥段、鹽、油	少許

做法——

1.食材洗淨後，小芥菜切斷，冬瓜、紅蘿蔔去皮切片。

2.開水煮滾後，汆燙紅蘿蔔跟木耳，1分鐘後撈起。

3.再汆燙小芥菜跟冬瓜，2分鐘後撈起。

4.起鍋熱油，蔥薑蒜放入爆香。

5.將所有食材加在一起拌炒，加鹽調味即完成。

熱量(Kcal)	119
碳水化合物(g)	15.96
蛋白質(g)	3.28
脂肪(g)	5.48

8 小黃瓜炒黑木耳

材料——

小黃瓜 (剖半切段) 180克	
黑木耳(切塊)	100克
紅蘿蔔(去皮切片)	40克
薑片、蒜末、 蔥段、鹽	少許

做法——

1.小黃瓜剖半切段、黑木耳切塊、紅蘿蔔去皮切片備用。

2.起鍋熱油，以薑片蒜末蔥段爆香。

3.加入所有食材拌炒。

4.加入少許鹽調味即完成。

熱量(Kcal)	125.65
碳水化合物(g)	17.48
蛋白質(g)	3.38
脂肪(g)	5.53

9 蛤蜊絲瓜

材料——

絲瓜	0.5條
蛤蜊	100克
薑絲、鹽、油、水	少許

做法——

1. 絲瓜去皮切塊,蛤蜊浸泡鹽水吐沙。
2. 起鍋熱油,以薑絲爆香,放入絲瓜拌炒至稍微軟化。
3. 後加入蛤蜊、半碗水、鹽巴,蓋鍋蓋燜煮。
4. 煮至蛤蜊全開即完成。

熱量(Kcal)	87.5
碳水化合物(g)	6.13
蛋白質(g)	5.7
脂肪(g)	15.36

10 蘆筍炒蓮藕

材料——

蘆筍	100克
蓮藕	160克
紅蘿蔔	45克
蒜末、蔥段	少許
鹽、油	少許

做法——

1. 食材洗淨後,蘆筍削皮切段,蓮藕、紅蘿蔔去皮切丁。
2. 開水煮滾後,將全部食材汆燙至8分熟。
3. 起鍋熱油,以蒜末蔥段爆香,再加入其他食材翻炒。
4. 最後撒少許鹽巴調味即完成。

熱量(Kcal)	203.46
碳水化合物(g)	35.89
蛋白質(g)	4.61
脂肪(g)	5.68

☘11 紅蘿蔔炒蘑菇

材料——

紅蘿蔔	120克
蘑菇	100克
薑片、蒜末、蔥段、	
米酒、醬油、	
黑胡椒、油	少許

做法——

1. 紅蘿蔔去皮切片、蘑菇切片備用。
2. 開水煮滾後,加少許油鹽,汆燙紅蘿蔔1分鐘。
3. 加入蘑菇續煮1分鐘,待全部食材半熟後撈出。
4. 起鍋熱油後,以薑片、蒜末、蔥段爆香。
5. 加入所有食材和米酒、少許醬油、黑胡椒拌炒即完成。

熱量(Kcal)	130.55
碳水化合物(g)	15.45
蛋白質(g)	4.93
脂肪(g)	6.18

☘12 清炒時蔬杏鮑菇

材料——

花椰菜	0.5顆
黃甜椒	0.5顆
紅甜椒	0.5顆
杏鮑菇	1朵
鹽、蒜末、油	少許

做法——

1. 食材洗淨後,甜椒、杏鮑菇切塊、花椰菜切成小朵。
2. 開水煮滾後加鹽,將甜椒、杏鮑菇、花椰菜丟入汆燙至半熟。
3. 起鍋熱油,以蒜末爆香,放入所有食材加水拌勻。
4. 起鍋前加鹽調味即完成。

熱量(Kcal)	203.46
碳水化合物(g)	35.89
蛋白質(g)	4.61
脂肪(g)	5.68

13 芹菜腰果蝦仁

材料——

芹菜	90克
蝦仁	50克
紅蘿蔔	30克
腰果	25克
鹽、米酒、太白粉、	
蒜末、蔥段	少許

做法——

1. 蝦仁放入小碗加少許鹽、米酒、太白粉醃15分鐘。
2. 芹菜切段、紅蘿蔔切條狀。
3. 開水煮滾後,加入少許橄欖油,紅蘿蔔、芹菜汆燙2分鐘後撈出。
4. 起鍋熱油,熱炒腰果1分鐘後撈起。
5. 將蝦仁、米酒、薑片、蒜末、蔥段、紅蘿蔔、芹菜放入鍋中拌炒。
6. 最後加少許鹽巴、腰果拌炒即完成。

熱量(Kcal)	208.75
碳水化合物(g)	11.37
蛋白質(g)	10.17
脂肪(g)	14.77

14 芹菜炒豆干

材料——

芹菜	1把
豆干	4片
蒜頭	5顆
鹽、醬油	少許

做法——

1. 芹菜切段,豆干、蒜頭切片。
2. 起鍋熱油,以蒜頭爆香,再放入豆干煸香。
3. 豆干煸至金黃色之後,加入芹菜拌炒。
4. 最後以少許鹽巴及醬油提味即完成。

熱量(Kcal)	196.48
碳水化合物(g)	9.65
蛋白質(g)	15.31
脂肪(g)	12.8

蛋類

🥬15 番茄炒蛋

材料———

番茄中型	2顆
雞蛋	2顆
蒜末、蔥花、鹽、	
太白粉水	少許

做法———

1. 番茄去蒂頭切塊，蛋打勻加鹽調味。
2. 起鍋熱油，以蒜末爆香，加入雞蛋翻炒至7分熟。
3. 加入番茄炒至出水。
4. 加入少許鹽巴、勾薄芡，撒上蔥花即完成。

熱量(Kcal)	225.54
碳水化合物(g)	10.94
蛋白質(g)	15.94
脂肪(g)	13.98

🥬16 秋葵炒蛋

材料———

秋葵	150克
雞蛋	2顆
蔥花、鹽	少許

做法———

1. 秋葵去頭切塊，蛋打勻加鹽調味。
2. 起鍋熱油，倒入秋葵、蔥花炒香。
3. 加入蛋液拌炒至全熟即完成。

熱量(Kcal)	239.45
碳水化合物(g)	13.11
蛋白質(g)	17.32
脂肪(g)	14.02

▣17 牛絞肉蒸蛋

材料———

牛絞肉	25克
雞蛋	2顆
醬油、水	少許

做法———

1.食材全部加入碗內,加入少許醬油,水10cc左右。
2.攪拌均勻放入電鍋蒸約10分鐘。(依盛裝容器的大小決定時間)
3.蒸熟即可食用。

熱量(Kcal)	215.4
碳水化合物(g)	3.11
蛋白質(g)	18.32
脂肪(g)	15.16

▣18 水煮蛋

材料———

雞蛋	4顆
鹽	少許

做法———

1.雞蛋和水同煮,加入少許鹽巴調味,煮約十分鐘。
2.水滾後起鍋,將雞蛋切半,取出蛋黃不吃。

熱量(Kcal)	305.8
碳水化合物(g)	2.64
蛋白質(g)	30.14
脂肪(g)	19.58

豆腐類

19 蘑菇煨豆腐

材料————

蘑菇	60克
嫩豆腐	150克
米酒、醬油、蒜末、	
蔥花、水、鹽	少許

做法————

1. 蘑菇、豆腐切塊備用。
2. 開水煮滾加鹽、米酒，汆燙蘑菇至半熟後撈起。
3. 豆腐汆燙2分鐘後撈起。
4. 起鍋熱油，以蒜末爆香，加入蘑菇拌炒。
5. 加入豆腐、鹽、醬油、少許水，燜到湯汁收乾。
6. 上桌前灑上蔥花即完成。

熱量(Kcal)	138.28
碳水化合物(g)	5.51
蛋白質(g)	9.67
脂肪(g)	9.85

20 乾煎板豆腐（可淋少許醬油）

材料————

| 板豆腐 | 兩小塊 |
| 油 | 少許 |

做法————

1. 板豆腐切成12等份。
2. 起鍋熱油後，將豆腐倒入鍋中，煎至金黃色。
3. 加少許醬油調味後即完成。

熱量(Kcal)	389.37
碳水化合物(g)	25.07
蛋白質(g)	35.53
脂肪(g)	19.32

高纖健康飲

遠離手搖飲料的深淵

別再喝不天然的含糖飲料了，早上起床不太餓嗎？喝一杯果汁，能讓全身細胞甦醒過來；下午有點嘴饞嗎？喝一杯健康飲品補充各種維生素，迅速提振體力！

 香蕉奇異果汁

熱量（Kcal）	236.89
碳水化合物（g）	60.94
蛋白質（g）	3.7
脂肪（g）	0.69

材料——

香蕉	1根
奇異果	1顆
檸檬汁	30克
水	些許

做法——

1. 奇異果、香蕉去皮切小塊，放入果汁機。
2. 加入檸檬汁及少許飲用水後打成汁即完成。

02 奇異果汁

熱量（Kcal）	186.31
碳水化合物（g）	46.76
蛋白質（g）	3.24
脂肪（g）	0.8

材料——

奇異果	2顆
蘋果	1顆
黃瓜	100克
水	0.5杯

做法——

1. 全部食材去皮切小塊，放入果汁機。
2. 加入半杯水打成汁即完成。

03 香蕉堅果牛奶

材料——

香蕉	1根
腰果	10克
核桃	5克
蜂蜜	少許
水	300cc

做法——

1.香蕉去皮切小塊。
2.將食材全部放入果汁機打成汁即完成。

熱量（Kcal）	191.46
碳水化合物(g)	30.03
蛋白質(g)	4.09
脂肪(g)	8.02

04 西瓜汁

材料——

| 紅肉西瓜 | 350克 |

做法——

1.西瓜切成小塊，以湯匙將籽挖出。
2.將西瓜塊放入果汁機，攪打成汁即完成。

熱量（Kcal）	119.24
碳水化合物(g)	29.76
蛋白質(g)	2.89
脂肪(g)	0.29

5 玉米鬚茶

材料——

玉米鬚	30克

做法——

1. 砂鍋倒入適量開水煮滾。
2. 水滾後將洗好的玉米鬚放入，加蓋轉小火煮20分鐘。
3. 水色轉成淡黃色即完成。

熱量（Kcal）	0
碳水化合物（g）	0
蛋白質（g）	0
脂肪（g）	0

6 檸檬水

材料——

無籽檸檬	1顆
水	1500 c.c

做法——

1. 將檸檬洗淨後切片榨汁。
2. 倒入玻璃瓶中，以1500c.c的飲用水稀釋即完成。

熱量（Kcal）	45.96
碳水化合物（g）	10.57
蛋白質（g）	0.68
脂肪（g）	0.67

一起成為健女人吧！

健女人來了

45組健身絕招&34道健人食譜，
劉雨柔讓妳要腹肌有腹肌、要翹臀有翹臀，8週打造女神馬甲線！

作　　者 / 劉雨柔

經紀公司 / 米兔哥娛樂股份有限公司

文字協力 / 吳佩香

封面設計 / 顧介鈞

內頁設計 / 林家琪

人物攝影 / 孑宇影像有限公司

妝　　髮 / 菲拉整體造型工作室

責任編輯 / 林巧涵

執行企劃 / 汪婷婷

董 事 長
　　　　 / 趙政岷
總 經 理

總 編 輯 / 周湘琦

出 版 者 / 時報文化出版企業股份有限公司

　　　　　10803 台北市和平西路三段 240 號七樓

　　　　　發行專線 /（02）2306-6842

　　　　　讀者服務專線 / 0800-231-705、（02）2304-7103

　　　　　讀者服務傳真 /（02）2304-6858

　　　　　郵撥 / 1934-4724 時報文化出版公司

　　　　　信箱 / 台北郵政 79 ～ 99 信箱

時報悅讀網 / www.readingtimes.com.tw

電子郵件信箱 / books@readingtimes.com.tw

時報風格線粉絲團 / https://www.facebook.com/bookstyle2014

法律顧問 / 理律法律事務所 陳長文律師、李念祖律師

印　　刷 / 詠豐印刷股份有限公司

初版一刷 / 2016 年 3 月 11 日

初版四刷 / 2016 年 6 月 3 日

定　　價 / 新台幣 380 元

行政院新聞局局版北市業字第八〇號

國家圖書館出版品預行編目資料

健女人來了：45 組健身絕招 & 34 道健人食譜，劉雨柔讓妳要腹肌有腹肌、要翹臀有翹臀，8 週打造女神馬甲線！/ 劉雨柔作 . -- 初版 . -- 臺北市：時報文化，2016.03 ISBN 978-957-13-6557-2(平裝) 1. 塑身 2. 健身運動 3. 減重

425.2　　　　　　　　　　　105001904

特別感謝 /

MOVE 移動
PULSE 律動

**PULSE XT 外型亮眼並具有
絕佳舒適度，輕鬆成為全場注目焦點**

活動靈活
全長式大底溝槽設計
確保全方位活動靈活度

超級舒適
EverTrain 發泡鞋墊提供絕佳彈性回饋
大幅提高穿著舒適感

極致輕量
172公克超輕量EVA中底

尋找我的時尚韻律鞋PUMA.COM   **#CROSSTHELINE**

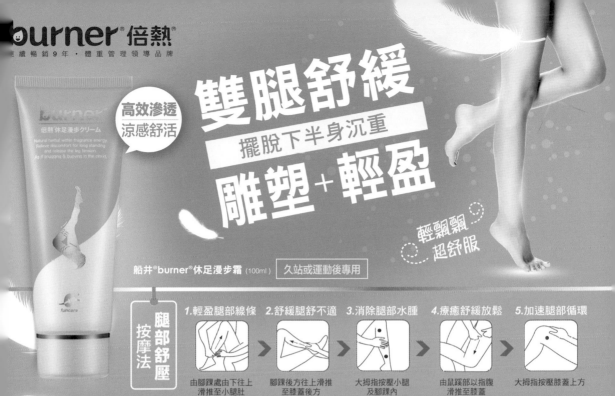

burner 倍熱
連續暢銷 9 年・體重管理領導品牌

高效滲透 涼感舒活

雙腿舒緩
擺脫下半身沉重
雕塑+輕盈

輕飄飄 超舒服

船井®burner®休足漫步霜 (100ml) 　久站或運動後專用

腿部舒壓 按摩法

1.輕盈腿部線條	2.舒緩腿舒不適	3.消除腿部水腫	4.療癒舒緩放鬆	5.加速腿部循環
由腳踝處由下往上滑推至小腿肚	腳踝後方往上滑推至膝蓋後方	大拇指按壓小腿及腳踝內	由鼠蹊部以指腹滑推至膝蓋	大拇指按壓膝蓋上方

獨加雙軟管 乳霜+凝膠

創新雙層雙效
[業界第1支]
瘦身+保濕 二合一

全新 強效升級

船井®burner®超孅體乳 Ex (170ml)　全身美體專用

全身美型 按摩法

1.腹部肌膚新陳代謝	2.孅勻腰腹	3.臀部up法	4.腿部按摩
以順時鐘方向按摩腹部。	由上往下，兩手交互按摩。	從臀部外側由上至下、再往上，以畫大圈方式按摩加強肌膚老化部位。	雙手扣住腳踝，從足踝至大腿，由下往上，緊緻腿部線條。

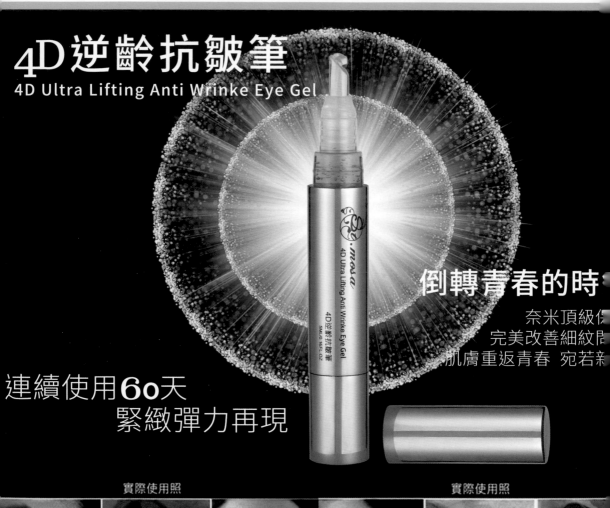

讀者活動回函

想變身成人人眼中的性感女神嗎？趕快跟著雨柔一起「瘋」運動，消除贅肉，把好身材找回來！

即日起只要您完整填寫讀者回函內容，並於 2016/5/31 前（以郵戳為憑），寄回時報文化，我們將抽出 12 位幸運讀者與重訓女神劉雨柔面對面，由劉雨柔親授各動作要領，感受健身的樂趣。得獎名單於 2016/06/15 前公佈在「時報出版風格線」、「粉絲 ** 劉雨柔 ** 同樂」粉絲專頁。

＊ **您希望透過劉雨柔的新書幫助您改善哪些身材部位？**

＊ **您最喜歡本書的章節與原因？**

＊ **請問您購買本書籍的原因？**
□喜歡主題　□喜歡封面　□喜愛作者　□喜歡購書禮
□喜愛劉雨柔性感生活寫真　□價格優惠　□工作需要　□其他

＊ **請問您在何處購買本書籍？**
□誠品書店　　□金石堂書店　□博客來網路書店　□其他網路書店
□一般傳統書店　□量販店　　□其他

＊ **您從何處知道本書籍？**
□一般書店：　　　　　　　　　　□網路書店：
□量販店：　　　　　　　　　　　□報紙：
□廣播：　　　　　　　　　　　　□電視：
□網路媒體活動：　　　　　　　　□朋友推薦
□其他

讀者資料

姓名：　　　　　　　　　　　□先生 □小姐

年齡：　　　　　　　　　職業：

聯絡電話：（H）　　　　　　　　（M）

地址：

E-mail：　　　　　　　　　　（請務必完整填寫、字跡工整）

注意事項：
本問卷將正本寄回不得影印使用。本公司保有活動辦法之權利，並有權選擇最終得獎者。
若有其他疑問，請洽客服專線：02-23066600#8219

健女人來了！

看曾經被廠商退貨、戲稱為麵包超人的厚片女模，
如何從肥肉中覺醒；
看曾經突破七十公斤大關、滿身橫肉的女漢子，
如何轉身成為身材火辣的性感女神；
她不是別人，她就是每一個妳！

一起見證人健人愛劉雨柔
變身重訓女神的勵志過程！

請對折後直接投入郵筒，請不要使用釘書機。

時報文化出版股份有限公司

108　台北市萬華區和平西路三段240號7樓

第三編輯部